KB264566

Home
라이프스타일이 보이는
홈 인테리어

Ho
라이프스타일이 보

me
가는 홈 인테리어
ROBERT AND
CORTNEY
NOVOGRATZ
WITH ELIZABETH
NOVOGRATZ
1984

First published in the United States as: HOME BY NOVOGRATZ

Copyright © 2012 by Robert and Cortney Novogratz

Illustrations copyright © 2011 by Jameson Simpson

All rights reserved.

This Korean edition was published by 1984 in 2014 by arrangement with Artisan, a division of Workman Publishing Company, Inc., New York through KCC (Korea Copyright Center Inc.), Seoul.

이 책은 (주)한국저작권센터(KCC)를 통한 저작권자와의 독점계약으로 1984에서 출간되었습니다. 저작권법에 의해 한국 내에서 보호를 받는 저작물이므로 무단전재와 복제를 금합니다.

Home 라이프스타일이 보이는 홈 인테리어

2015년 2월 10일 초판 발행

지은이	로버트&코트니 노보그래츠
옮긴이	최다인
발행인	전용훈
편 집	장옥희
디자인	김선경
발행처	1984

등록번호 제313-2012-44호
주소 서울시 마포구 동교로 194 혜원빌딩 1층
전화 02-325-1984
팩스 0303-3445-1984
홈페이지 www.re1984.com
이메일 master@re1984.com

ISBN 978-11-85042-14-8 13590

「이 도서의 국립중앙도서관 출판시도서목록(CIP)은 서지정보유통지원시스템 홈페이지(http://seoji.nl.go.kr)와 국가자료공동목록시스템(http://www.nl.go.kr/kolisnet)에서 이용하실 수 있습니다.(CIP제어번호: CIP2014022668)」

부모님께

우리는 부모님으로부터 영감을 얻고 있습니다. 우리에게 삶을 향한 열의와 골동품 수집에 대한 사랑(교외의 차고 세일에서든 파리의 벼룩시장에서든), 실내장식에 대한 지칠 줄 모르는 열정을 물려주셨죠. 하지만 무엇보다도 중요한 것은 부모님이 우리 에게 최고의 본보기 역할을 하셨다는 점이에요. 가족끼리 언제나 서로 얼굴을 마주 대하고 살아가는, 그런 삶의 순간을 사랑하는 법을 가르쳐 주셨죠.
사랑합니다.

추신 – 엘리자베스처럼 똑똑하고 멋진 누이를 낳아주셔서 고마워요.
　　　　이 책을 쓰는데 정말 큰 도움이 되었답니다.

목차

로버트 ROBERT
코트니 CORTNEY

FOREWORD

실내장식은 요리나 옷 입기처럼 개인의 시적 감각을 반영하는 행위가 아닐까 한다. 제대로 된 실내장식은 꿈결처럼 멋지고 너무나 자연스러워서 그런 재능이 없는 사람에겐 그저 경외감을 느끼게 하고 살짝 좌절하게 한다. 공간이나 방, 또는 집 전체를 나 자신의 정체성과 내가 세상을 바라보는 시각으로 채운다는 개념은 사실 상당히 벅차게 느껴진다. 선택의 여지와 까다로운 문제는 산재해 있고 비용을 생각하면 겁부터 난다.

하지만 실내장식에 대한 조언을 간절히 바라고 영감을 얻으려고 잡지를 뒤지며 잠 못 이루던 여러분, 기다림은 이제 끝났다. 비할 바 없이 멋진 이 책에서 뛰어난 디자이너 로버트와 코트니는 여러분이 원하던 대로, 그리고 더 훌륭하고 멋지며 현실적 비용을 고려한 공간을 만드는 데 필요한 독창적 아이디어와 비법, 기술을 전부 공개한다. 또 아이들이며 애완동물, 친구, 멀리서 찾아와 머물다 가는 손님 등과 함께 역동적으로 살아가는 우리 삶에 필요한 공간을 디자인하고 장식하는 방법을 제시한다.(손님방을 너무 멋지게 꾸미면 손님이 빨리 돌아가지 않을 위험이 있다.) 이 놀라운 책은 두 사람이 어떤 이들인지 생각해 보면 당연한 결과처럼 느껴진다. 로버트와 코트니 노보그래츠에게는 뭔가 특별한 것이 있다. 이 부부는 그들 자신의 디자인을 빼닮았다. 생기 넘치고 행복하며 거침없다. 그리고 무엇보다 독창적이다. 이제 공간을 되살리고 새로 꾸미는 데 필요한 것은 모두 여러분의 손안에 있다.

자, 이제 시작해 보자.

– 영화배우 **줄리아 로버츠**

INTRODUCTION

20년 전 디자인을 시작한 이래로 우리 부부는 전 세계를 돌아다니며 집에 돌아와 활용할 엄청난 양의 아이디어를 모았다. 60개가 넘는 프로젝트를 거친 후 우리는 어떤 장소에 있든 영감의 원천이나 뒷주머니에 챙겨야 할 아이디어, 상상력을 자극하는 계기는 바로 우리 눈앞에서 찾을 수 있다는 점을 깨달았다. 눈만 크게 뜨고 있는 한 아이디어는 사방에 널려 있다는 사실도 배웠다. 레스토랑과 바, 상점이나 호텔, 잡지, 웹사이트, 자연, 박물관, 시골, 도시, 심지어 바로 옆집 사는 이웃의 거실까지도 영감의 원천이 된다.

지난 몇 년간 우리는 운 좋게도 매우 다양한 프로젝트를 접할 수 있었다. 단독 주택부터 소매점, 부티크 호텔에 이르기까지 우리는 수많은 곳을 디자인했고 혁신적 방법과 창조적 해결책을 고안해 디자인상의 수백 가지 난제를 풀어야만 했다. 하지만 우리는 즉흥적으로 일하기를 좋아하기에 그러한 압박은 장애물이 아니라 오히려 자극제로 느껴졌다. 온갖 규모의 예산으로 작업하면서 우리는 예산이 적을 때일수록

**'홈 인테리어는 그렇게
복잡한 일이 아니다.'**

더욱 창조성을 발휘했고, 까다로운 과제를 더 사랑한다는 사실을 알게 되었다. 그런 과정에서 수많은 모험을 시도하며 멋진 성공과 완벽한 실패를 모두 맛보았지만, 어떤 사례에서든 무언가 새로운 것을 배웠다.

어떤 유형의 집에서 작업하든 반복해서 나타나는 디자인 문제가 있다. 많은 사람이 실수할까 두려워 아무것도 하지 못하거나 어디부터 손대야 할지 막막해한다. 임대 주택이거나 임시 거처일 때는 더욱 그런 경향이 강하다. 또 사람들은 종종 너무 바빠 실내장식을 할 수 없다고 불평하고, 아이들이 더 자라거나 일이 조금 한가해지거나 돈이 더 모일 때까지 기다리겠다고 말한다. 하지만 홈 인테리어는 그렇게 복잡한 일이 아니며, 이 책에 실은 프로젝트는 바로 이 점을 증명하기 위해 고른 사례들이다. 누구나 쉽게 시도할 수 있는 아이디어가 듬뿍 들어간 프로젝트 위주로 선택했고, 우리가 왜 그런 결정을 내렸는지 이해할 수 있도록 프로젝트를 단계별로 분해해 설명했다. 우리는 여러분이 상상력을 발휘하고 우리 아이디어를 사용해 보고 자신의 생활 공간에 더 새로운 시도를 하도록 격려하고 싶다. 침실을 밝은 연두색으로 칠하는 일이건 마음에 꼭 드는 낡은 집을 사서 개조하는 일이건 상관없다.

이 책을 읽는 내내 여러분은 잡동사니를 없애는 것만으로 공간이 얼마나 크게 달라지는지 반복해서 느끼게 될 것이다. 사람은 거의 누구나 물건을 너무 많이 가지고 있고, 우리는 그 속에 파묻히고 만다. 프로젝트를 시작할 때마다 우리가 가장 먼저 하는 일은 잡동사니를 치우는 것이다. 자기 물건을 떠나보내기 힘들어하는 사람도 많지만, 이는 꼭 필요한 과정이다. 심지어 우리 아이들도 경험을 통해 힘들게 이 점을 배워야만 했다. 몇 년 전 이사 날짜가 일주일 정도 남았을 때 우리는 한밤중에 장난감을 싹 정리했다. 상태가 좋지 않아 기증할 수 없는 장난감은 쓰레기봉투에 담아 길가에 내다 놓았다. 아이들이 일어나 밖에 나가기 전에 쓰레기를 수거해 가리라 생각했기 때문이다. 하지만 그날 아침 네 살 난 쌍둥이 딸들을 유치원에 데리고 갈 때 둘 중 한 명이 자기 봉제인형과 가장 의상이 가득한 쇼핑 카트를 밀고 가는 노숙자를 발견했다. 딸애는 흐느끼며 손가락질했다. "아저씨가 우리 장난감 가져가요. 저거 우리 장난감이에요. 우리 장난감 돌려줘요." 이 일을 통해 딸은 놓아 보내는 법을 배웠다. 그리고 다행히도 크게 상처받지는 않은 듯했다.

우리는 참 운이 좋은 편이어서 만나는 고객은 모두 상냥하고 매우 용감했다. 고객들은 우리를 자신의 집에 받아들여 주고 거의 모든 프로젝트에서 우리가 모든 것을 내다 버리고 처음부터 시작할 수 있도록 허락해 주었다. 우리는 아이디어와 비법을 여러분과 공유하기를 바라며 대담한 색상과 커다란 미술 작품을 활용하고 빈티지와 모던을, 고급품과 저가품을 조화시키는 우리만의 스타일과 철학, 디자인 콘셉트를 모든 프로젝트에 녹여냈다. 하지만 우리가 가장 바라는 점은 이 책이 여러분에게 영감을 주는 동시에 집은 자기 자신의 반영이라는 사실을 일깨워 주는 것이다.

AMORE
IUBIRE · LIEFDE
RAKKAUS · ЛЮБОВЬ
KÄRLEK · あいする · EPOΣ
LÁSKA · KJAERLIGHET
KAERLIGHET · אהבה
LIEBE · KOCHANIE
VVANOSTAMOUR
SZERELEM
AMORE

집은 마음이
머무는 곳이다.

14
JANUARY

퀸즈의 아파트
QUEENS CONDO

뉴욕 퀸즈에서 새로 떠오르는 지역인 롱 아일랜드 시티에 사는 스티브 코흐Steve Koch와 수전 위틀리Susan Whitley는 아파트 거실의 공간 디자인 문제를 해결하고 싶어 우리를 찾아왔다. 다섯 살 난 딸 사만다Samantha를 둔 이 커플은 우리를 만나기 1년 전 102제곱미터(약 31평)에 침실 두 개, 욕실이 두 개인 아파트로 이사했다. 일단 이사를 마친 후 스티브와 수전은 거실에 페인트를 칠하고 가구를 새로 들여놓았다. 하지만 결과가 썩 마음에 들지 않았고, 가족에게 필요한 기능을 모두 갖춘 공간이 될 거실 배치를 찾지 못해 고민했다.

현대적 건물에 있는 이 아파트는 구조가 깔끔하고 통유리 창문이 있어 멋진 집으로 변신할 잠재력이 충분했다. 배치를 적절히 바꾸고 페인트를 새로 칠한 다음 수납공간을 확보하고, 독특하고 개성이 넘치는 그림을 걸고, 공간에 어울리면서도 고객의 취향에 맞는 가구 몇 점을 들여놓으면 해결될 문제였다. 스티브와 수전은 거실 본연의 역할은 물론 식당과 사무실, 사만다의 놀이 공간 역할까지 겸하는 공간을 원했다. 하나의 공간에 다양한 기능을 모두 통합하면서도 자연스러운 동선을 확보하는 것이 핵심이었다.

프로젝트를 시작하며

예산

4만 달러

목표

앉아서 TV를 볼 공간과
식사 공간을 갖추고
사무실과 놀이방 역할까지
겸하면서도 현대적이고
깔끔한 거실 만들기

고객 요청사항

1. 다양한 기능을 갖춘 거실
2. 수납과 정돈
3. 수전의 작업 공간
4. 20세기 중반 모던 스타일
5. 융통성 있는 식사 공간

호박색 벽 탓에
거실이 주황색
상자처럼
보인다.

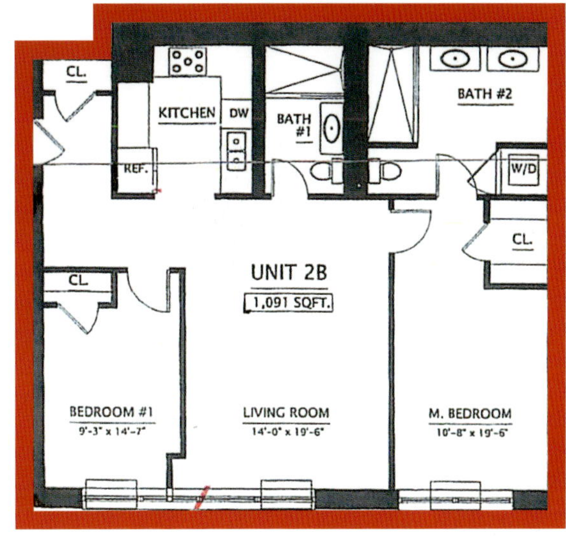

이들의 가구는 단순하고 실용적이지만 오래 사용할 만한 물건은 아니었다. 거실은 전부 주황색으로 칠해져 있었고, 장식이라고는 천상에 달린 조명뿐이었다.

우리는 거실에서 가장 긴 벽에 맞춤 수납장을 설치할 수 있도록 전체 배치를 반대로 뒤집을 계획을 세웠다. 또 전반적으로 밝은 색상을 쓰고, 스티브와 수전이 마음에 들어 할 만한 20세기 중반 모던 양식 가구를 들여놓기로 했다.

우리는 이처럼 문제해결, 즉 더 나은 레이아웃과 편리한 생활방식을 찾아내는 일이 반 이상을 차지하는 프로젝트를 좋아한다.

페인트 새로 칠하기

원래 거실 벽에 칠해진 페인트는 주황색이었다. 나쁜 선택이라고 할 수는 없지만 공간에 어울리는 색도 아니었다. 페인트 색상 탓에 실제보다 좁아 보이는데다 블라인드를 걷었을 때에도 어두운 느낌이 들었다. 우리는 밝은 회색으로 벽을 다시 칠했고, 색깔을 바꾼 것만으로도 거실이 훨씬 넓고 시원해 보였다.

전문가에게 묻다

스테파니 T. Stephanie T.

우리는 비초에Vitsoe 사의 스테파니에게 스티브와 수전의 아파트에 사용한 606 선반 시스템에 관해 몇 가지 물었다.

Q: 비초에 606 선반 시스템에 관해 설명해 주셨으면 합니다.

A: 606 다목적 선반 시스템은 1960년에 디터 람스Dieter Rams가 비초에 사를 위해 디자인한 조립식 선반이며, 지금도 계속 생산 및 판매되고 있습니다. 606 시스템에서는 E자형 레일E-Track에 선반과 수납장, 탁자를 걸어 설치합니다. 이 E자형 레일은 벽에 직접 고정해도 되고 비초에에서 나오는 X자형 기둥X-post에 고정할 수도 있지요. 이 기둥을 사용하면 선반을 벽에서 살짝 떨어진 상태로 설치할 수도 있고, 기둥을 천장과 바닥 사이에 압축 고정해 방 가운데에 세울 수도 있습니다.

Q: 집에서 606 선반을 설치하기에 가장 적합한 곳은 어디인가요?

A: 사실 606은 어떤 공간에서든 사용 가능합니다. 침실이나 서재, 거실, 주방에서 똑같은 시스템을 다른 방식으로 활용할 수 있죠. 예를 들어 옷을 걸거나 책을 꽂을 수도 있고 식기나 장난감을 수납하거나 AV 장비를 정리할 수도 있으며 데스크톱이나 랩톱 컴퓨터를 올려놓고 작업 공간을 꾸밀 수도 있습니다.

Q: 가장 많이 쓰이는 용도는 무엇인가요?

A: TV와 주변기기 수납이나 작업 공간, 서류 수납 등이 가장 흔하며 스티브와 수전의 아파트에 설치한 것처럼 두 가지 이상의 기능을 결합하기도 합니다. 물론 작은 개인 서재에든 대규모 대학 도서관에든 책을 꽂을 선반을 설치해 달라는 의뢰는 항상 있지요.

Q: 606 선반은 현대적이면서도 유행을 타지 않는데, 이유가 무엇이라고 생각하시나요?

A: 견고함과 절제된 디자인 덕분이라고 생각합니다. 606 선반 시스템은 그 자체로 우아한 멋이 있으면서도 어떤 공간에든 잘 어울리기에 어디서나 활용할 수 있지요.

시스템 선반 설치하기

우리는 비초에 사의 도움으로 맞춤 수납장을 만들었다. 수전은 그동안 거실 한쪽 벽에 세워둔 흰색 수납장을 작업 공간으로 이용했다. 우리는 비초에 사와 함께 수납장이 있던 벽면을 완전히 채우는 수납 시스템을 구성해 수전의 작업 공간을 마련하고 TV와 주변기기 및 사만다의 책과 장난감을 수납할 공간을 확보했다.

**'우리는 비초에 사의 도움으로
맞춤 수납장을 만들었다.'**

새로 단장한
빈티지 의자

3단계

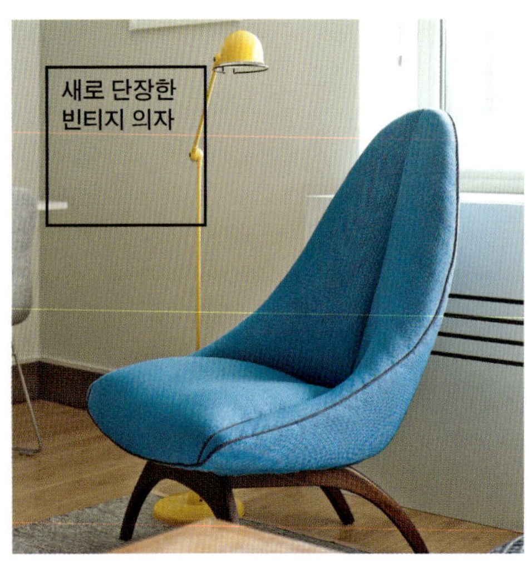

앉는 공간 재정비하기

창문 아래에는 크고 보기 싫은 히터가 있었지만, 옮길 수는 없었다. 우리와 함께 일하는 목수 톰 바요니Tom Baione는 눈에 거슬리지 않도록 상자를 제작해 히터를 가려 주었다.

20세기 중반 모던 스타일을 무척 좋아하는 스티브와 수전의 취향에는 1960년대 안락의자가 안성맞춤이었다. 우리는 매사추세츠의 한 빈티지 상점에서 이 의자를 찾아냈다. 상태가 썩 좋지는 않았기에 마하람Maharam에서 나온 선명한 파란색 원단으로 천갈이를 하자 오히려 원래보다 더 매력적인 의자로 변신했다. 의자 앞에 놓은 레인Lane 가구의 빈티지 탁자도 20세기 중반 제품이다. 이 탁자는 좁고 길어 이 공간에 완벽히 들어맞는다. 탁자 아래에 깐 깔개는 가볍고 단순하지만 앉는 공간을 하나로 묶어 줄 뿐 아니라 빈티지 가구를 돋보이게 한다.

발을 얹는 두툼한 쿠션인 푸프Pouf 두 개는 엣시Etsy에서 각각 다른 판매자에게서 샀다. 이 쿠션들은 공간에 아늑함과 재미를 더해 준다. 공예품 전문 쇼핑몰인 엣시는 집을 꾸밀 때 독특하고 멋진 소품을 찾기에 매우 적합한 곳이며, 가격도 비싸지 않고 가까운 지역에서 물건을 구할 수 있다는 장점이 있다.

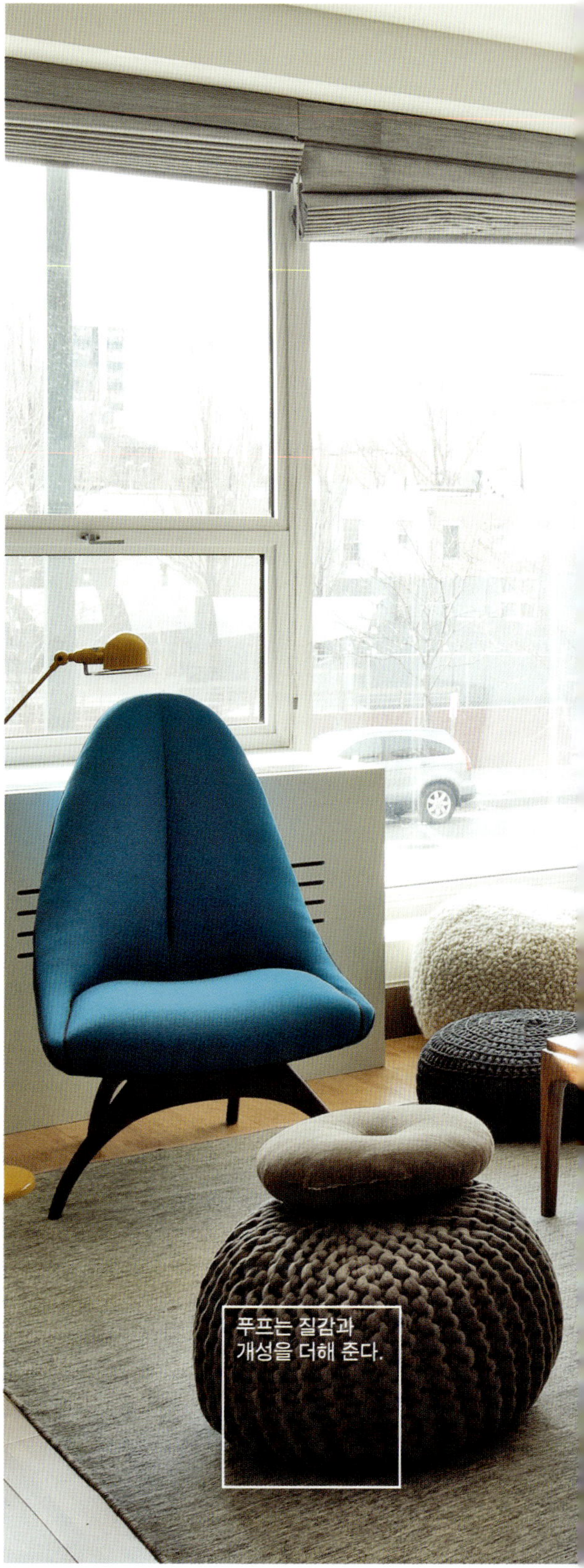

푸프는 질감과
개성을 더해 준다.

제프 셰어 Jeff Scher

우리는 브루클린에서 활동하는 화가이자 영상 제작자인 제프 셰어가 수채 물감으로 그린 사만다의 초상화 네 점을 소파 위에 걸었다. 우리는 제프에게 작품에 관해 몇 가지를 물었다.

Q: 언제부터 수채화를 그리기 시작하셨나요?
A: 어렸을 때는 그림을 그릴 만한 재료가 수채 물감밖에 없었습니다.

Q: 지금도 수채 물감을 사용하는 이유는 무엇인지요?
A: 수채화는 순수하게 빛을 사용하는 그림이라는 점에서 영화와 가깝습니다. 영상과 수채화는 둘 다 투명하고, 스크린과 종이는 둘 다 흰색이죠. 이런 점은 어떤 장면의 이미지를 구성하는 방식에 커다란 영향을 미칩니다. 수채화가 맑고 투명해 보이는 이유는 색상의 순수함 때문이지요. 생생한 붓놀림이 살아 있는 좋은 수채화는 생기가 넘치고 신선한 느낌을 준다고 생각합니다.

Q: 좋은 초상화를 그리려면 어떻게 해야 할까요?
A: 그릴 대상과 삶의 관계가 가장 잘 드러나는 순간을 포착해야 합니다. 필요 이상으로 닮게 그리려고 애쓰는 것보다 개성이 배어 나오도록 그리는 것이 훨씬 중요하지요.

창문에는 원래 평범한 양방향 블라인드가 달려 있었고 거실에 잘 어울리는 편이었지만, 창에 약간의 질감과 무게감을 더하고 싶어 멋진 회색 실크 블라인드로 변화를 주었다.

식사 공간 새로 설계하기

원래 식사 공간에는 날개를 접을 수 있는 조그만 흰색 식탁과 투명한 고스트 체어 Ghost Chair 몇 개가 있었다. 우리는 기존 식탁과 의자를 전부 치우고 아래 숨겨진 날개가 있어 네 명 이상이 앉을 수 있는 한스 올젠Hans Olsen 식탁 세트로 바꾸었다. 이 제품은 둥글고 공간을 많이 차지하지 않을 뿐만 아니라 자랑하고 싶을 만큼 매력적이기에 우리는 식탁을 벽에 붙이지 않고 거실 가운데에 놓기로 했다.

멋진 디자인은 아름다운 동시에 기능적이다. 이 식탁은 놀랍게도 1953년에 만들어진 제품이다.

바닥에는 이미 멋진 바닥재가 깔려 있었으므로 광택만 약간 더했다.

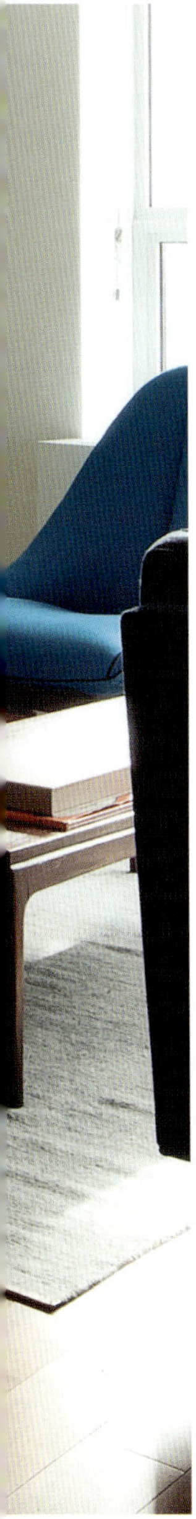

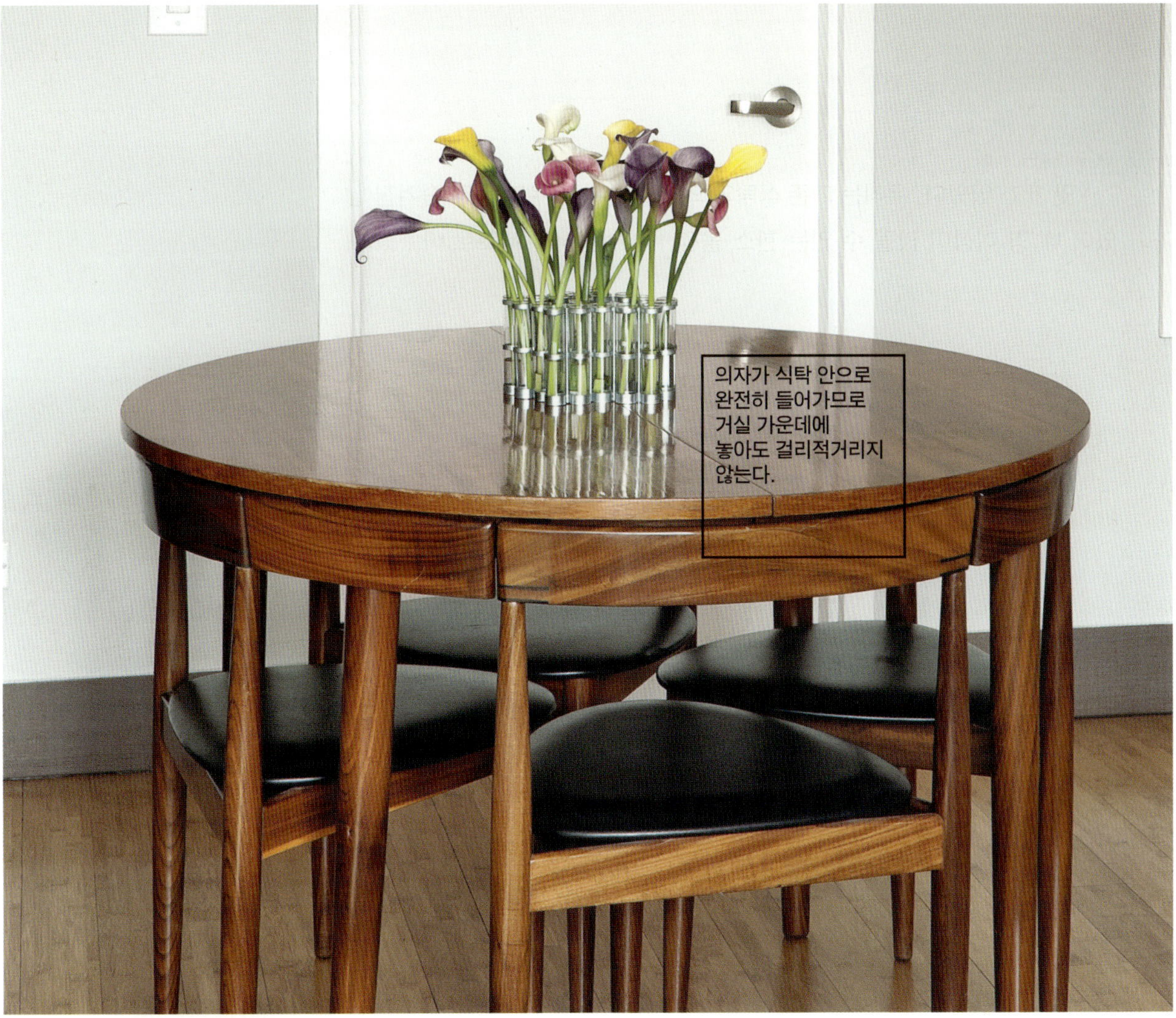

의자가 식탁 안으로
완전히 들어가므로
거실 가운데에
놓아도 걸리적거리지
않는다.

아이들이 그린
그림을 여러 개
골라 액자 하나에
넣으면 멋진
장식이 된다.

'우리는 네 명 이상이 앉을 수 있는 한스 올젠 식탁 세트로 바꾸었다.'

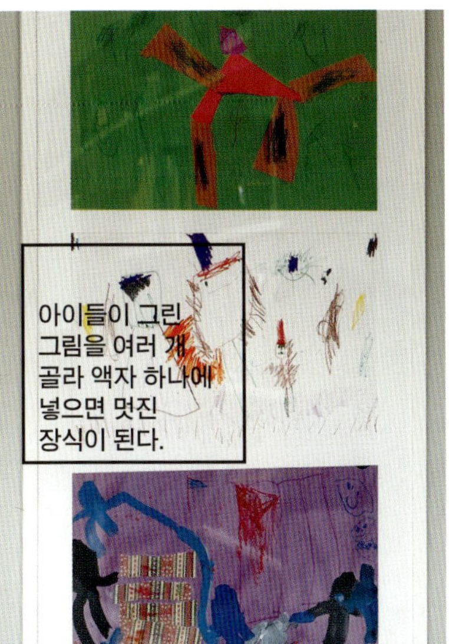

밝은 색상의 페인트를 새로 칠하고 비초에 수납 선반을 설치함으로써 우리는 기능성을 극대화하고 20세기 중반 모던 스타일 느낌이 물씬 나는 공간을 창조해 스티브와 수전이 원하던 조건을 모두 충족할 수 있었다.

스티브는 수전의 새 작업 공간에 어울리는 깜짝 선물로 새 컴퓨터를 준비했다.
공간의 규모에 맞는 크기의 가구를 골라 배치했다.

직접 하는 방법

보기 싫은 히터와 에어컨 가리기

주의: 이 방법은 통풍구와 조절 장치가 천장 쪽을 향한 냉난방기에만 해당한다.

1. 2센티미터 두께의 자작나무 합판을 사서 크기에 맞게 자른다. 양쪽 가장자리에 두 장, 앞면에 한 장, 윗면에 한 장이 필요하다. 치수를 재고 재단할 때는 상자가 냉난방기를 충분히 덮을 수 있도록 몇 센티미터씩 여유를 두어야 한다는 점을 잊지 말자.

2. 재단한 합판 모서리를 전부 45도로 다듬는다.

3. 모서리에 접착제를 발라 각 판을 이어붙인 다음 나무못이나 나사를 사용해 튼튼하게 고정한다.

4. 상자를 조립하고 나면 나무에 홈을 파는 기구인 플런지 라우터 비트plunge router bit를 이용해 앞면에 길고 좁은 틈을 낸다. 이 틈을 통해 공기가 순환한다.

5. 윗면에 구멍을 뚫기 전에 그릴을 준비한다. 냉난방기와 똑같은 너비의 알루미늄 그릴을 구입해야 한다. 이 그릴이 있어야 단추를 조작하고 공기가 흘러나오게 할 수 있다. 실톱을 써서 윗면에 그릴을 넣을 구멍을 뚫는다. 그릴은 구멍 안으로 들어가고 금속으로 된 테두리가 구멍 가장자리에 걸쳐지도록 하면 된다. 전체를 들어내야 할 때를 대비해 날카로운 모서리는 전부 사포로 다듬어 준다. 단추를 쉽게 조작할 수 있도록 그릴에는 문이 달려 있어야 한다.

6. 상자가 벽과 조화를 이루도록 페인트를 칠하거나 벽지를 바른다.

7. 냉난방기 위에 상자를 씌운다.

비용 분석

항목	금액
시공/설치비	$3,332.50
페인트	$156.75
바닥재와 카펫	$825.00
창문 장식	$1,250.97
조명	$1,890.89
맞춤 수납 선반	$10,707.80
가구	$9,817.88
원단 및 천갈이	$1,520.48
미술 작품	$1,980.21
장식품	$3,007.00
책	$1,092.19
가전	$1,757.30
장난감	$258.41
계	$37,597.38

토니
캐시

스키 콘도

SKI CONDO

세계에서 가장 유명한 스케이트보드 선수이자 가장 멋진 사람 중 한 명인 토니 호크^{Tony Hawk}가 캘리포니아 주 매머드^{Mammoth} 산에 있는 스키 하우스 인테리어를 부탁했을 때 우리는 몹시 흥분했다. 토니는 꽤 오래전부터 1970년대 초반에 지어진 이 집을 휴가용 별장으로 사용했다. 토니와 파트너인 캐시 굿먼^{Cathy Goodman}은 아이들을 데리고 그곳에서 상당히 많은 시간을 보냈다. 하지만 별장에 가면 당연히 스노보드를 타거나 여가를 즐기느라 가구를 사들이고 집을 꾸미고 페인트 색깔을 고민할 시간은 없었다. 그래서 우리가 나서게 되었다.

이 건물 외관은 근처의 다른 별장과 다를 바 없이 A자 형태를 띤 스키 오두막이지만, 내부는 처음 지은 뒤로 전혀 손대지 않은 듯한 모양새였다. 바닥 전체에는 베이지색 카펫이 깔려 있고 벽은 아보카도처럼 칙칙한 연녹색이었으며 가구는 지나치게 크고 시대에 뒤떨어져 세련된 부티크 호텔에서는 절대 볼 수 없는 물건들뿐이었다. 토니가 다른 집에서 사용하지 않게 되어 여기 가져다 둔 것이 대부분이었다. 원래 있던 석조 벽난로 자리에 놓은 펠릿 난로(목재 부산물을 압축한 연료를 때는 난로)는 특히 촌스러운 느낌이 났고 창틀과 천장은 누르스름한 소나무였다. 이 집은 대대적으로 손볼 필요가 있었다.

프로젝트를 시작하며

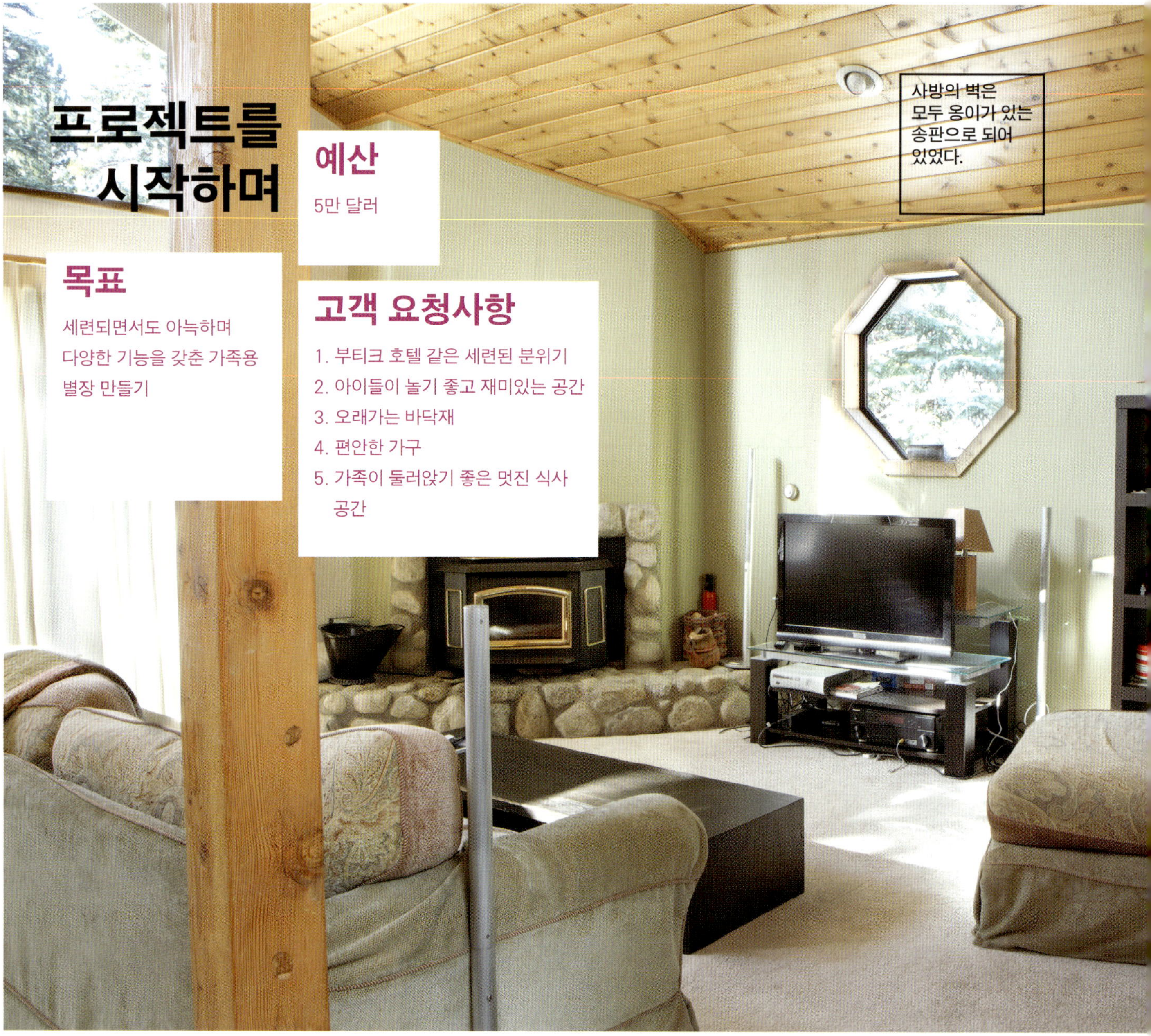

사방의 벽은 모두 옹이가 있는 송판으로 되어 있었다.

목표

세련되면서도 아늑하며 다양한 기능을 갖춘 가족용 별장 만들기

예산

5만 달러

고객 요청사항

1. 부티크 호텔 같은 세련된 분위기
2. 아이들이 놀기 좋고 재미있는 공간
3. 오래가는 바닥재
4. 편안한 가구
5. 가족이 둘러앉기 좋은 멋진 식사 공간

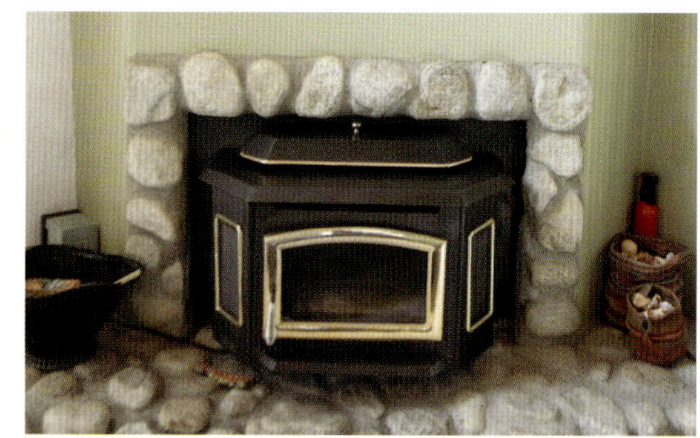

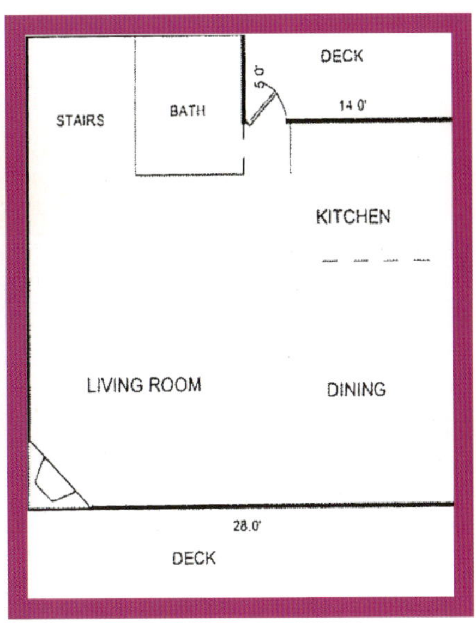

우리는 이 집을 토니만큼이나 세련되고 멋지면서도 가족 전체가 만족할 만한 디자인 요소를 갖춘 공간으로 만드는 것을 목표로 삼았다. 그러면서도 여전히 고풍스러움을 간직한 매머드만의 분위기도 살리고 싶었다. 물론 스키 하우스는 견고하면서도 편안해야 하지만, 그렇다고 스타일을 포기할 이유는 없다.

가장 먼저 한 일은 내부를 깨끗이 치우는 것이었다. 작업을 시작하기 전에 우리는 거의 아무것도 남기지 않고 집 안을 완전히 비웠다. 우선 가구를 치운 다음 카펫도 전부 뜯어냈다. 그러고 나니 공간이 네 배는 넓어 보이고 훨씬 탁 트인 느낌이 들었다.

가는 통나무(지름 15센티미터 정도)를 써서 벽난로 표면을 나무의 둥근 단면으로 채웠다.

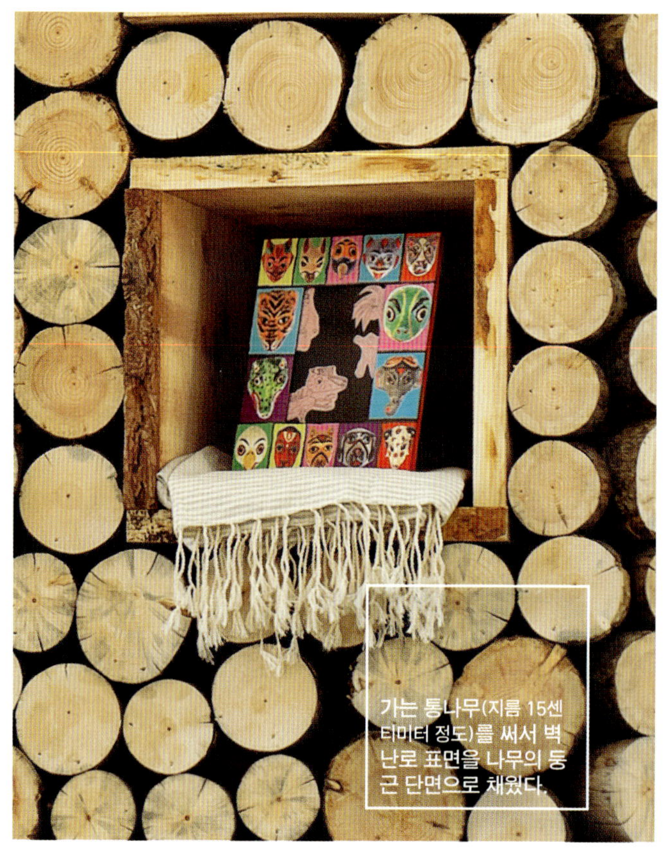

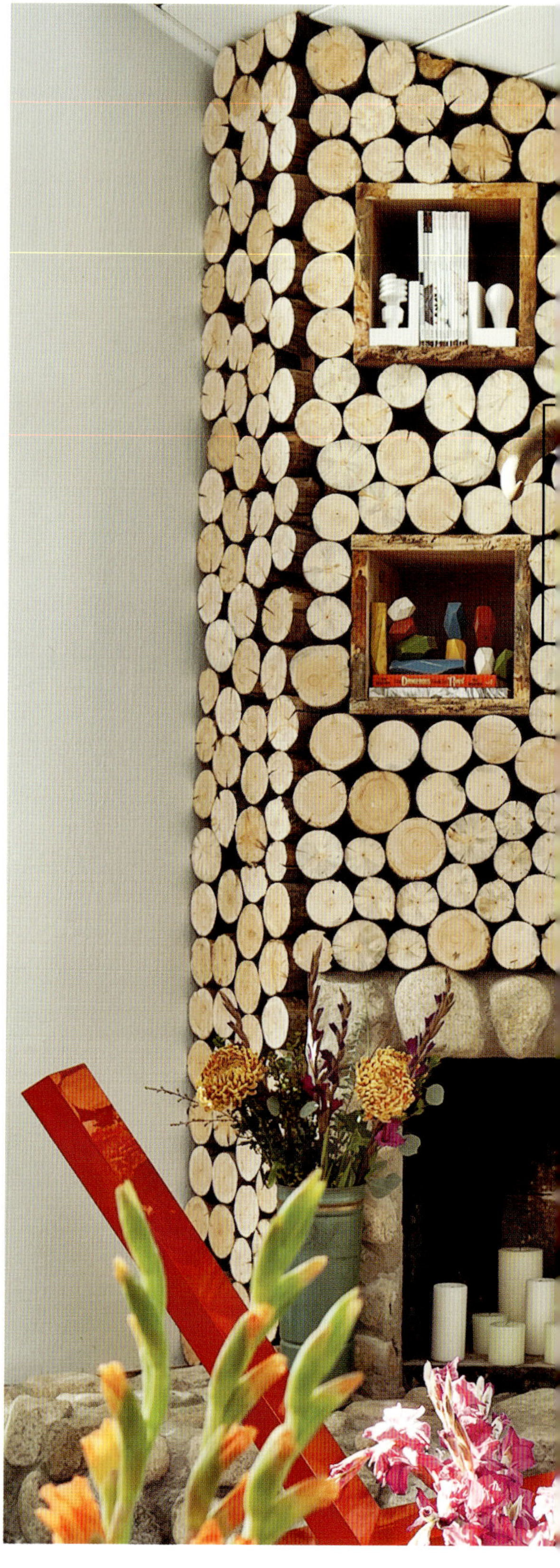

1단계

기존 벽난로 복원하기

검은 금속제 펠릿pellet 난로는 눈에 거슬리고 시대에 뒤떨어져 보였다. 우리는 이 난로를 들어내고 원래 있던 개방형 벽난로를 되살렸다. 또 벽난로가 거실 전체의 포컬 포인트focal point가 되도록 벽난로가 있는 벽에 천장까지 통나무를 쌓아올렸다.

통나무 벽 가운데에는 브루클린에 있는 골동품 전문점 시티 파운드리City Foundry에서 찾아낸, 손으로 칠한 동물 해골을 걸었다. 선반에는 밝은 색상의 장난감과 책, 잡지를 장식했다. 날씨가 아직 따뜻했기에 벽난로에 불을 지피는 대신 양초를 가득 채웠다.

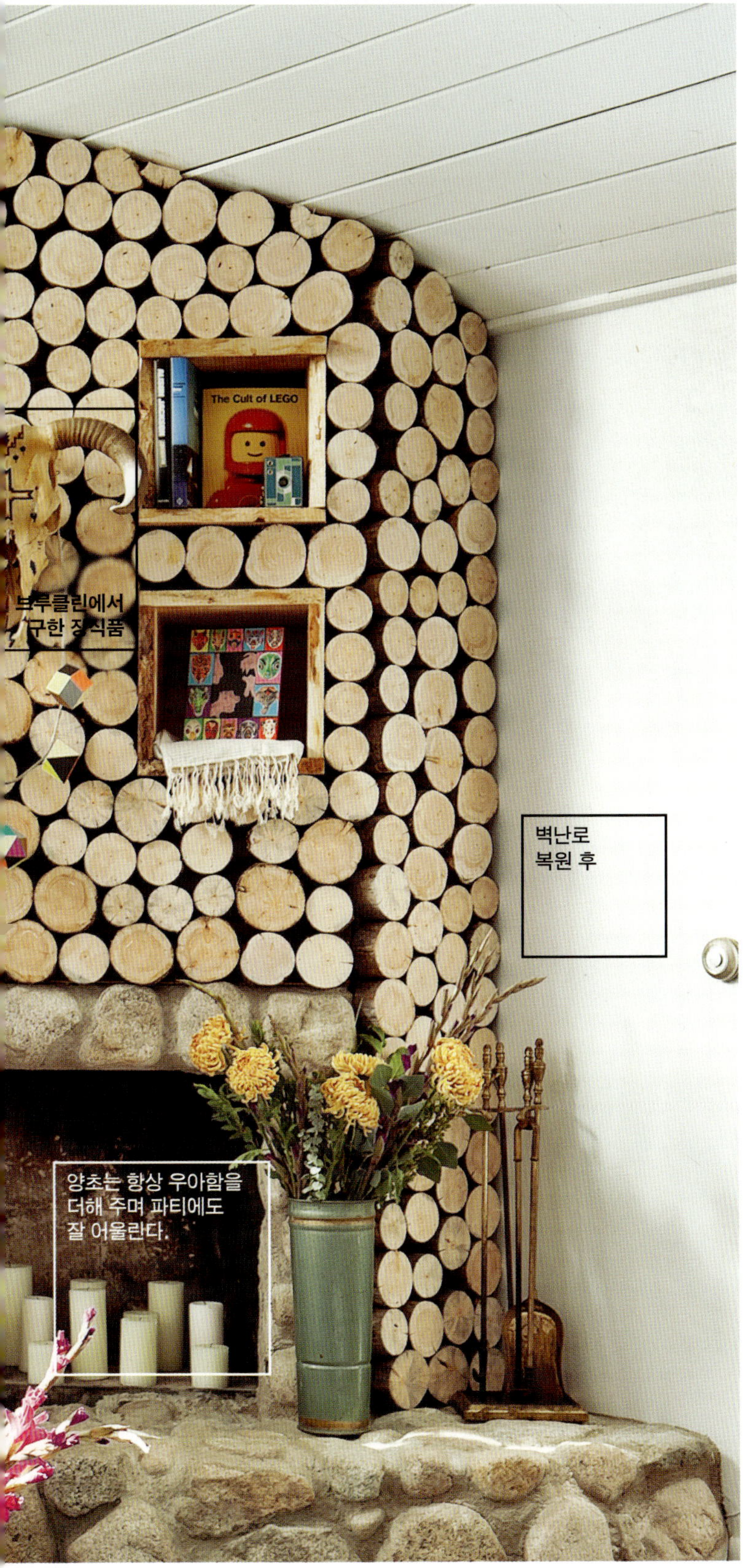
The Cult of LEGO
브루클린에서
구한 장식품
벽난로
복원 후
양초는 항상 우아함을
더해 주며 파티에도
잘 어울린다.

'우리는 거실의 포컬 포인트가 되도록
벽난로를 완전히 변신시켰다.'

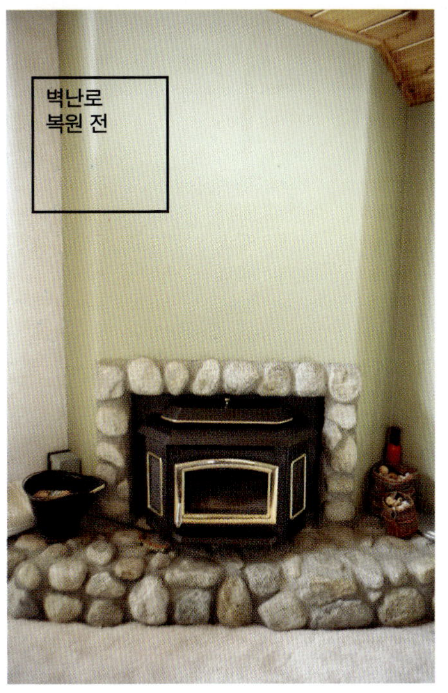

벽난로
복원 전

2단계

벽과 천장 손보기

연녹색 벽과 소나무 천장 탓에 공간 전체가 칙칙하고 오래된 느낌이 들었다. 우리는 스키를 장식한 벽만 제외하고 모두 아주 연한 하늘색으로 바꾸고 천장과 창틀은 흰색으로 칠했다. 그러자마자 분위기가 훨씬 현대적으로 바뀌었다. A자형 천장이 오두막 느낌을 살려 주었고, 송판을 전부 흰색으로 칠한 덕분에 공간이 훨씬 넓어 보였다.

또 우리는 작은 창문에 달려 있던 미니 블라인드를 단순한 로만 셰이드로 바꾸었고, 뒤쪽 벽 전체를 차지하는 커다란 통유리 창문에는 얇은 커튼과 모직 커튼을 이중으로 달았다. 긴 벽에 얇은 속 커튼이 딸린 모직 커튼을 달면 극적인 효과를 볼 수 있다. 비치는 속 커튼은 빛을 충분히 통과시켜 주는 한편 간격이 불규칙한 창문과 문을 커튼이 적절히 가려 주는 효과가 있다.

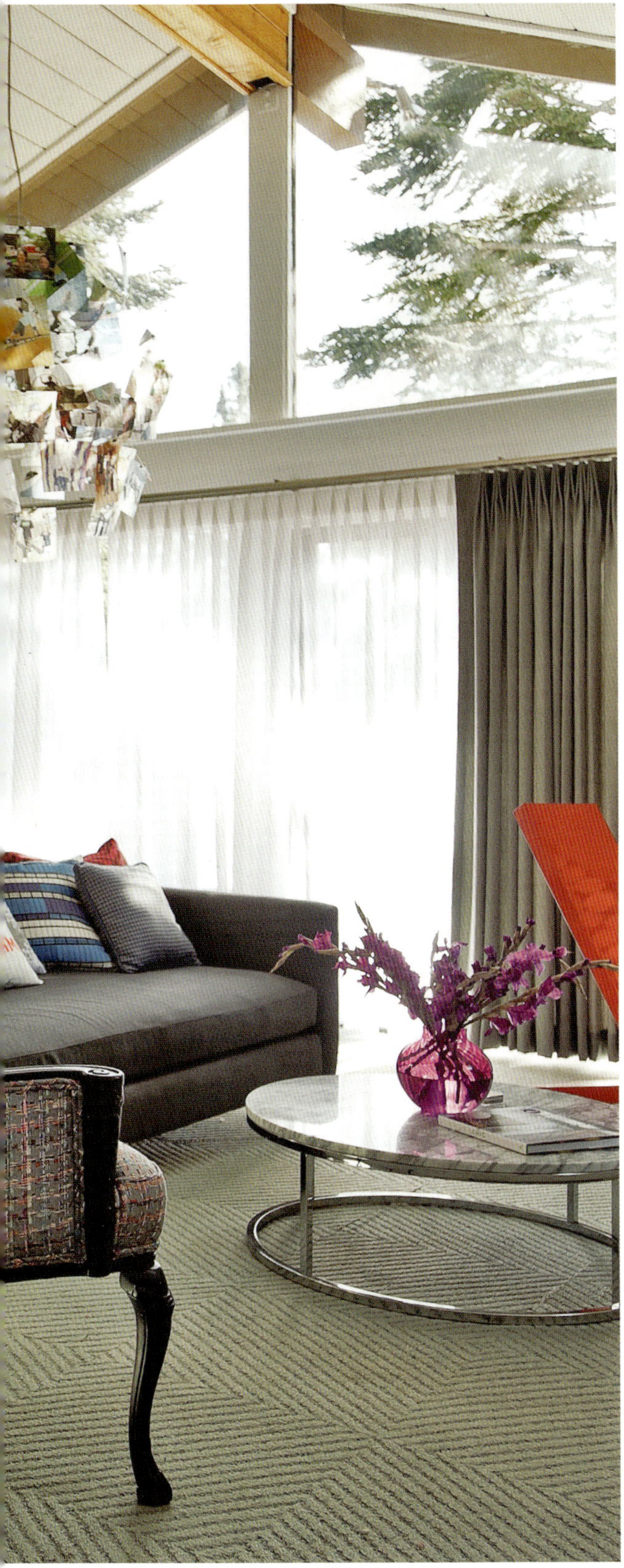

3단계

TV 주변 아늑하게 꾸미기

새로 정한 색상 배합에 맞추어 페인트칠을 마친 다음에는 종일 추운 바깥에서 지내다 돌아오면 집 안이 아늑하게 느껴지도록 여러 질감을 섞어 배치할 차례였다.

우리는 무겁고 지나치게 푹신한 소파와 긴 의자를 치운 다음 CB2에서 앉는 부분이 길어 편안하며 산뜻한 회색 소파를 사고 뉴욕에서 빈티지 의자 두 개를 찾아내 광택제를 칠하고 천갈이를 해 들여놓았다. 대담하고 화려한 색상의 쿠션으로 소파에 포인트를 주고, 소파 앞에는 멋진 대리석 상판 탁자를 놓았다.

장난감은 개성과 색상을 더해 주는 장식 역할을 한다.

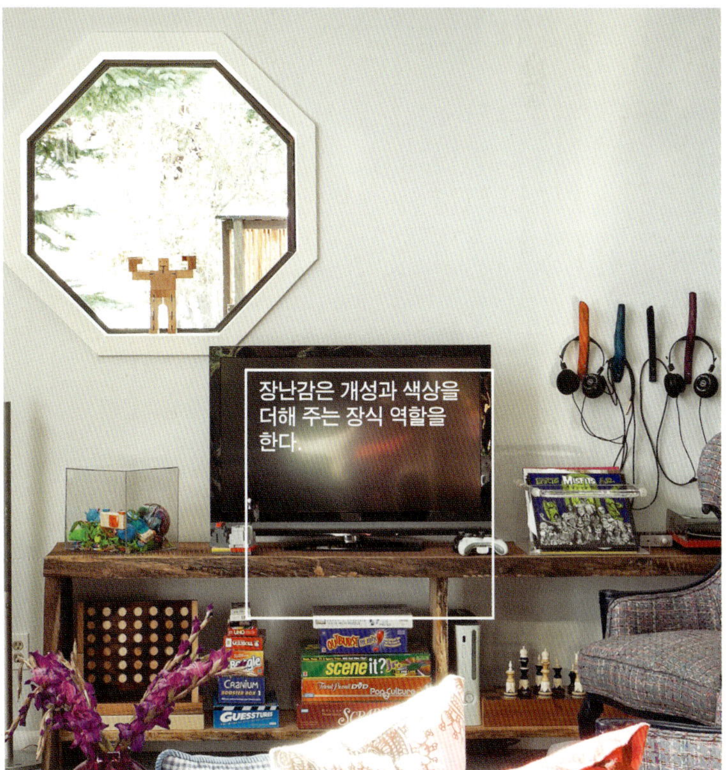

'다양한 질감을 섞어 사용해 보자.'

식사 공간 디자인하기

우리는 코네티컷 주의 포시스 디자인Poesis Design에서 더없이 멋진 식탁을 발견했다. 매우 고가 제품이지만, 그 대신 저렴한 의자를 골랐다. CB2에서 무광 니켈 의자 여덟 개를 구입한 뒤 이케아에서 산 인조 모피를 깔아 부드럽고 아늑한 느낌을 더했다. 또 Z 갤러리Z Gallerie에서 산 등받이가 높은 스웨이드 의자를 식탁 양 끝에 놓자 멋진 대비 효과가 생겼다.

거실에 단 샹들리에는 잉고 마우러Ingo Maurer가 디자인한 제품이며, 가운데의 전구를 중심으로 끝에 집게가 달린 와이어 케이블이 방사형으로 뻗어 있다. 원래는 집게에 세계 각국 언어로 인쇄된 러브레터가 달려 있다. 이 아이디어도 물론 멋지지만, 우리는 이 가족만의 개성을 더하고 싶었기에 편지를 가족사진과 아이들이 그린 그림으로 바꾸어 세상에 단 하나뿐인 샹들리에를 완성했다.

인조 모피 덮개를 쓰면 금속제 가구에 따뜻함을 더할 수 있다.

롭 브리스토Rob Bristow

포시스 디자인의 소유주 중 한 명인 롭 브리스토는 우리에게 훌륭한 식탁이란 어떤 것인지 들려주었다.

Q: 식탁에 대한 철학이 있다면 말씀해 주셨으면 합니다.

A: 디자이너로서 나는 식탁이란 우리 삶의 여러 순간이 펼쳐지는 무대이자 배경이 되는 건축물과 같다고 생각합니다. 식탁은 느긋하게 커피를 즐기거나 열띤 토론이 오가는 장소이며, 열광적인 파티를 즐기며 식탁 위에서 춤을 출 수도 있고 대학 입학원서를 작성할 수도 있죠. 또 식탁은 우리의 오감을 자극해야 합니다. 주먹으로 두드리면 소리를 들을 수 있어야 하고 강아지를 쓰다듬듯 윤곽을 만져볼 수 있어야 합니다. 표면은 핥아 보고 싶을 정도로 매끄러워야 하죠. 또 나무와 세월의 향기가 배어 나와야 합니다. 바라보고 있으면 역사가 느껴져야 하고요. 매사추세츠 주 뉴 말버러New Marlborough에 있는 호텔인 올드 인 온 더 그린Old Inn on the Green의 식당에는 놀라울 만큼 길고 좁은 식탁이 있습니다. 내가 가장 좋아하고 여태껏 내가 만든 모든 식탁에 영감을 준 식탁이지요. 표면에 남은 흔적은 역사를 말해줍니다. 많은 사람이 앉을 만큼 길지만, 친밀한 대화가 가능할 만큼 좁습니다. 자리가 가득 차건 비어 있건 행복이 느껴지는 식탁입니다.

세상에 하나뿐인 샹들리에

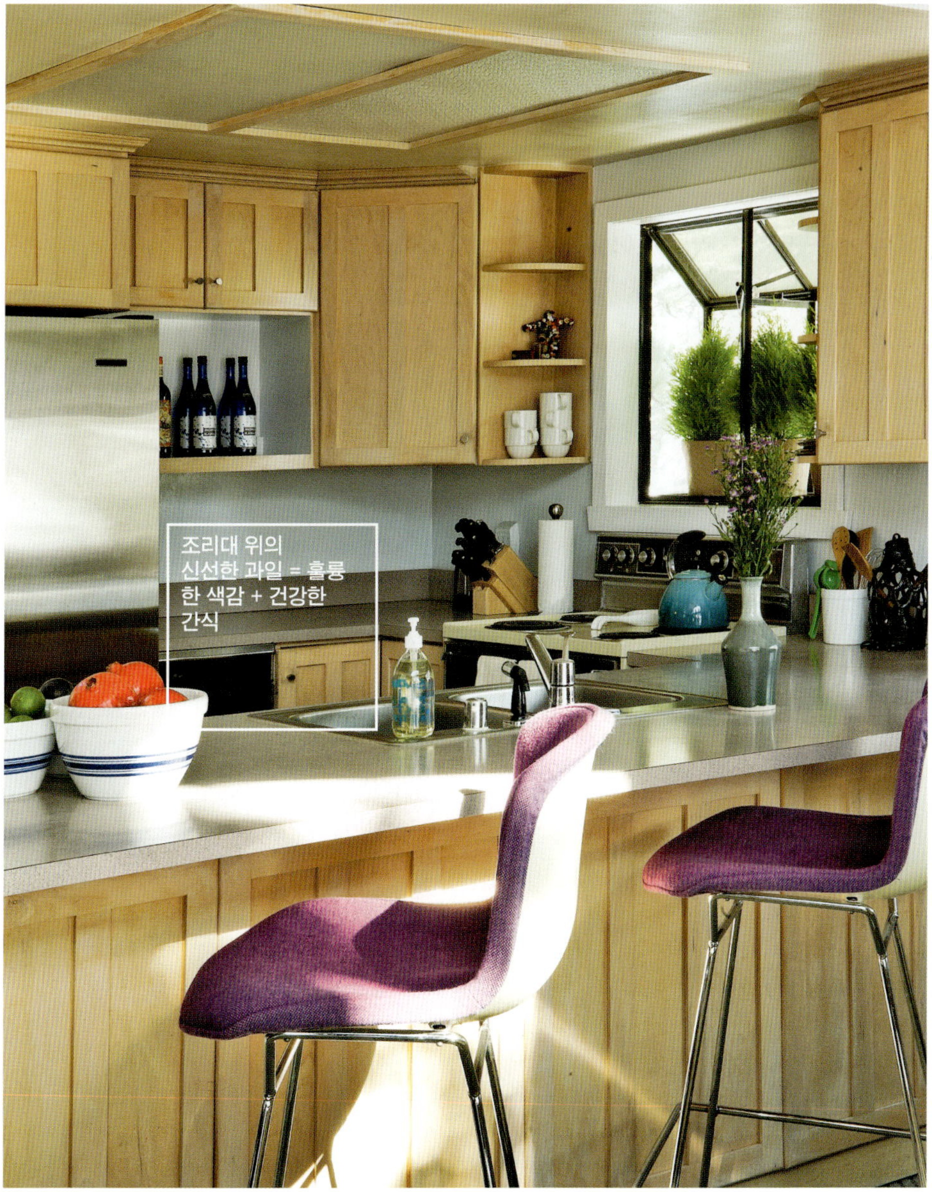

'우리는 선반 위에 있던
잡동사니를 거의 다 치워 버렸다.'

5단계

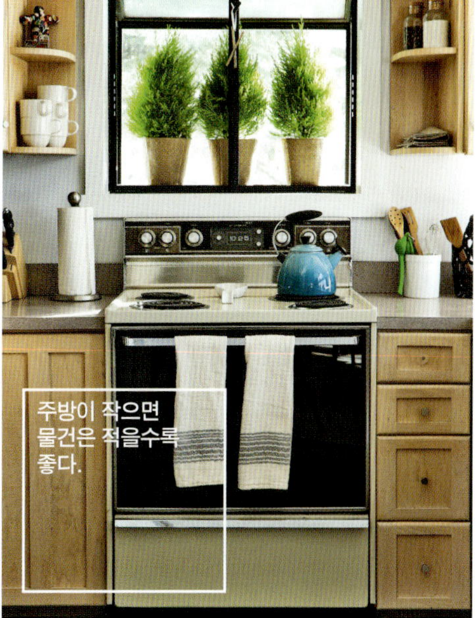

주방 분위기 살리기

주방 개조는 예산에 들어가지 않았으므로 주방은 거의 그대로 남겨 두었다. 하지만 깨끗이 닦고 조리대와 선반 위를 장식하는 것만으로 우리는 거의 돈을 쓰지 않고도 주방 분위기를 바꿀 수 있었다. 일단 손잡이를 전부 모던한 것으로 바꾸었고, 원래 있던 평범한 스툴 대신 색감을 더해 주는 보라색 빈티지 스툴을 놓았다. 선반 위에 있던 잡동사니는 거의 다 치워 버리고 단순한 디자인 소품을 장식했다. 또 창문 밖에 작은 나무 화분 세 개를 놓아 주방에 생기를 주었다.

프로젝트 결과

칙칙하고 시대에 뒤떨어진 공간을 밝고 대담하며 매우 세련된 스키 하우스로 바꾸려면 어떻게 해야 할까? 벽과 천장을 새로 칠하고 덩치 큰 가구들을 없애고 커튼을 바꾸고 선명한 색상으로 포인트를 주어 공간에 생기를 부여하면 된다.

주름을
잡은 커튼은
우아한 느낌을
더해 준다.

얇은 속
커튼을
통해 빛이
들어온다.

조립식 카펫 타일은
스키나 스노보드
부츠에도 견딜 만큼
튼튼하다.

직접 하는 방법

- 오래된 장난감과 보드게임은 죽은 공간을 살려 주고 어떤 종류의 선반에 놓아도 잘 어울린다.

- 목제나 금속제 빈티지 게임은 개성을 더하고 향수를 불러일으킨다.

- 비닐 토이(디자이너가 합성수지로 직접 만드는 장난감)는 어디에 놓든 멋져 보인다.

- 로봇도 굉장히 매력적이다.

- 휴가지에서는 온 가족이 즐길 수 있는 전통적 게임이 최고다. (비디오 게임은 집에 두고 오자.)

포인트 줄 벽 정하기
대개 면적이 좁은 벽이 좋다. 창문이 없는 벽을 고르자.

소품 모으기
우리는 빈티지 소품(무엇이 되었든 벽을 꾸밀 물건)을 찾을 때 이베이와 엣시, 벼룩시장과 빈티지 상점, 차고 세일을 애용한다.

벽 손질하기
모은 소품이 돋보일 수 있도록 벽에 어울리는 색을 칠한다.

레이아웃 정하기
바닥에 소품을 늘어놓아 어떻게 보일지 미리 확인하고 배치를 정한다.

소품 고정하기
소품들을 벽에 붙인다. 스키 월을 만들 때 우리는 스키에 있는 나사를 빼고 새 나사를 써서 스키를 벽에 직접 고정했다.

비용 분석

항목	금액
공사비	$16,000.00
페인트	GIFT
바닥재와 카펫	$4,227.18
창문 장식	$4,222.00
조명	$1,220.00
가구	$17,640.00
덮개와 쿠션	$1,910.00
미술 작품	$1,057.50
거실 장식품	$3,497.58
주방 장식품	$205.44
장난감과 게임 도구	$588.97
가전	$498.00
계	$51,066.67

양초를 줄에
매달아 조명 대신
쓸 수 있다.
등받이가 긴 의자
를 둥근 의자와
섞어 배치하면
보기 좋다.
도시 속의
전원

도시의 안식처
URBAN SANCTUARY

에미상을 수상한 프로듀서인 데이비드 펄러David Perler는 2011년 가을 우리를 찾아와 뉴욕의 유서 깊은 그래머시 파크 근처에 있는 84제곱미터(약 25평) 크기의 아파트를 개조해 달라고 부탁했다. 방 하나에 욕실 하나인 이 매력적인 아파트는 2차대전 이전에 지어진 멋진 건물에 자리하고 있었다. 이 집은 개성이 넘치는 반면 오래된 맨해튼 아파트가 대개 그렇듯 주방이 너무 작았고, 욕실도 비좁고 불편했다. 주방과 욕실은 완전히 뜯어내고 개조해야 했으며 나머지 공간도 적당히 손을 보고 장식할 필요가 있었다.

데이비드는 매우 훌륭한 취향을 지녔고 아파트에 있는 가구와 장식품은 거의 그가 오랫동안 벼룩시장 등에서 찾아내 모은 것들이었다. 쓸 만한 물건이 많았으므로 우리는 몇 가지 모던한 장식과 공간에 더 잘 어울리는 가구, 벽에 걸 미술 작품 몇 점, 새 조명 정도를 추가했다. 데이비드는 전체적으로 색상 포인트를 주되 지나치게 대담하거나 화려한 색은 피해 달라고 부탁했다. 전체 리모델링 작업이기는 하지만, 우리는 이 아파트만의 특별한 매력인 세공과 튼튼한 뼈대는 그대로 살리기로 했다.

프로젝트를 시작하며

목표

뉴욕의 작은 아파트를 개조해 인더스트리얼한 분위기가 나는 아늑한 공간으로 바꾸기

예산

11만 달러

고객 요청사항

1. 인더스트리얼 스타일 개방형 주방
2. 욕실 개조
3. 뒤뜰 새 단장
4. 옷 수납공간
5. 노보그래츠만의 디자인 요소

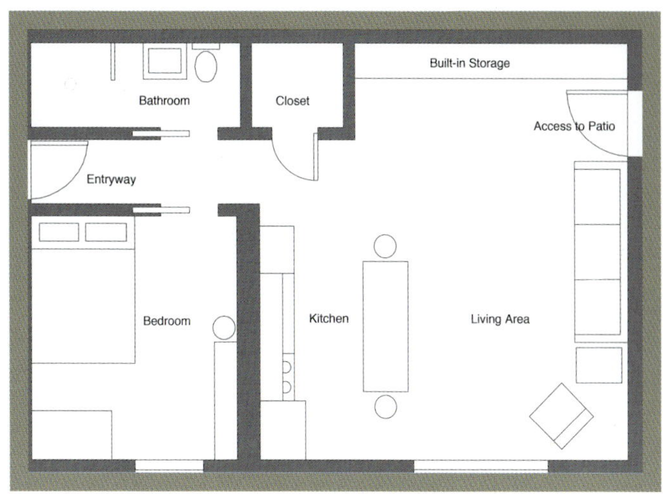

또 데이비드는 친구를 초대하여 접대하고 야외에서 시간을 보낼 수 있는 공간을 원했다. 거실 뒤에 있는 전용 뒤뜰을 큰돈을 들이지 않는 선에서 흥미로운 공간으로 바꾸어 달라고 의뢰했다.

아파트 전체를 개조하는 작업이므로 상당한 예산이 필요했다. 하지만 주방과 욕실을 개조하고 침실에 수납공간을 추가함으로써 아파트 가치도 상당히 올라가게 되므로 좋은 투자라고 할 수 있었다.

1단계
주방 개조하기

작은 직사각형 모양을 한 기존 주방은 수납공간도 매우 적고 비좁았다. 우리는 주방과 거실 사이의 벽을 철거해 탁 트인 느낌을 주었으며 더 넓고 기능적인 공간을 확보했다.

저렴한 흰색 이케아 수납장에 고급 부속을 달자 깔끔하고 세련된 느낌이 났다. 공간이 워낙 좁은 탓에 원래 주방에 있던 가전제품은 크기가 아주 작았다. 원래 있던 작은 수납장을 치우고 나니 큼직한 스테인리스 냉장고를 놓을 자리가 생겼다. 또 제대로 된 가스레인지와 작은 식기세척기도 들여놓을 수 있었다.

철거 작업을 하면서 우리는 가스레인지 근처에 작은 창문 두 개가 있다는 사실을 발견했다. 오랫동안 가려져 있던 이 창문을 복원하자 주방이 훨씬 밝아진데다 뜻밖에 독특한 매력이 생겼다.

빈티지 병에
간식거리를 채워
두면 장식품 역할을
톡톡히 한다.

'주방과 거실 사이의 벽을 철거해
우리는 양쪽 공간에
탁 트인 느낌을 주었다.'

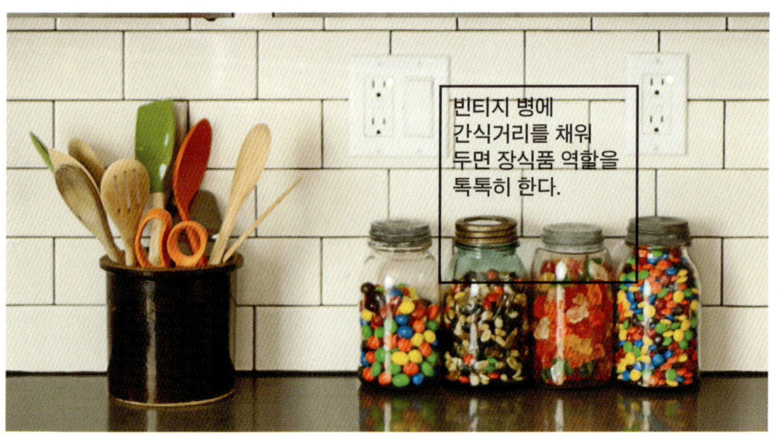

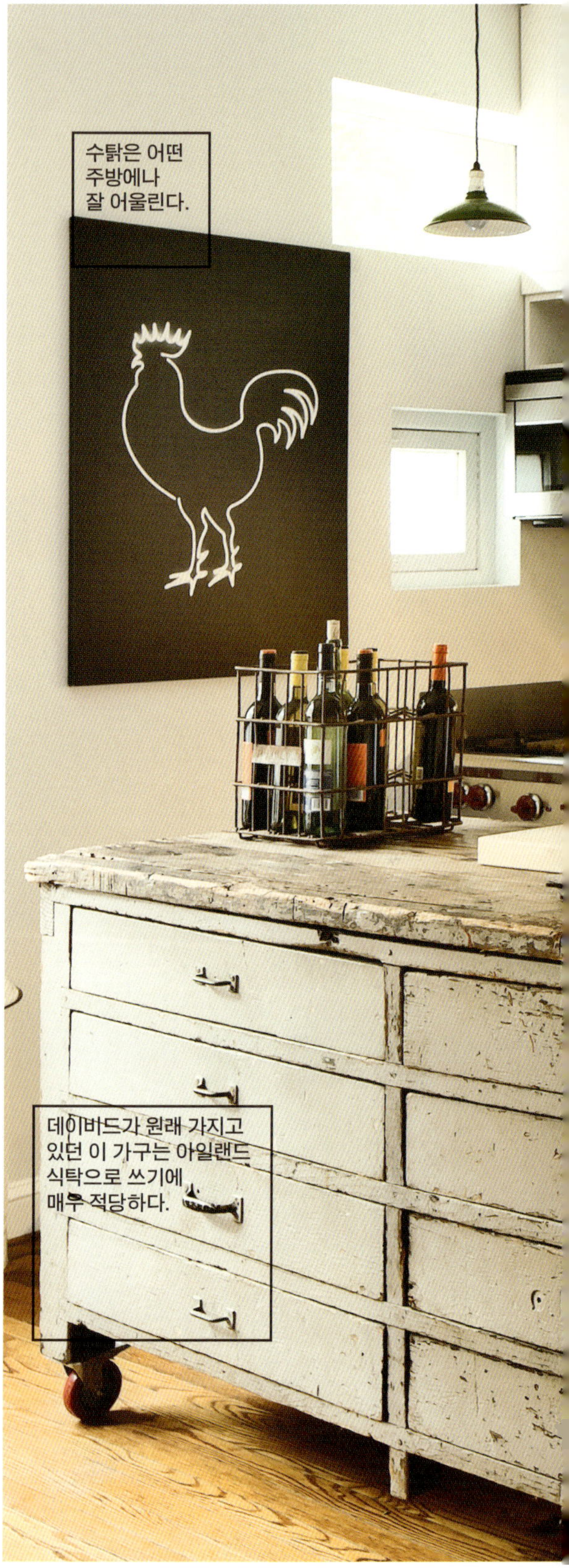

수탉은 어떤
주방에나
잘 어울린다.

데이비드가 원래 가지고
있던 이 가구는 아일랜드
식탁으로 쓰기에
매우 적당하다.

마리오 바탈리 Mario Batali

우리는 주방장 마리오 바탈리에게 완벽한 주방의 조건에 대해 물었다.

Q: 주방기기는 더 비쌀수록 좋은 물건이라고 할 수 있을까요?

A: 그럴 때도 있지만, 다 그렇지는 않습니다. 나는 키친에이드Kitch-enAid 믹서를 애용하지만, 간이 믹서만으로 충분할 때도 많거든요. 사실 얼마나 집중적으로 사용하는지에 달린 문제라고 생각합니다. 예를 들어 기본적인 케이크와 쿠키만 굽는다면 간이 믹서로도 충분합니다. 하지만 빵이나 소시지를 만든다면 더 강력한 회전력과 힘이 필요하고, 이는 곧 더 비싼 기기를 써야 한다는 뜻일 때가 많지요.

Q: 작은 주방을 최대한 넓게 쓰는 방법이 있을까요?

A: 바닥 몰딩을 따라 평평한 선반을 만들어 오븐용 접시나 납작한 프라이팬을 보관하면 좋습니다. 거의 사용하지 않는 자투리 공간을 활용할 수 있죠.

Q: 주방과 요리사 중 어느 쪽이 더 중요한가요?

A: 도구를 탓하는 것은 아마추어죠. 좋은 요리사라면 어디에서건 제대로 요리할 수 있어야 합니다. 물론 설비가 좋다면 요리도 뒷정리도 훨씬 쉬워지죠.

Q: 집에서 주방이 가장 중요한 공간이라고 하는 이유는 무엇일까요?

A: 주방은 사람들이 가장 시간을 많이 보내는 곳입니다. 식사뿐만 아니라 간단한 모임이나 슈퍼볼 관람처럼 거의 모든 사교 활동이 일어나는 공간이죠. 집에서 주방은 심장 역할을 한다고 볼 수 있습니다.

Q: 모던과 빈티지 중 어느 쪽을 선호하시나요?

A: 쓰던 물건을 바꿔야 할 때는 새로운 것을 시도해 보기를 좋아하지만, 고유의 감성과 역사를 지닌 물건을 넘어서기는 어렵지요. 한 가지 기억할 점이 있다면, 제대로 요리하려면 불이 중요하고 재료를 제대로 보관하려면 냉장고가 중요하다는 점입니다. 4구짜리 가스레인지와 성능 좋은 냉장고, 적절한 조리 공간과 깊은 개수대만 있으면 멋진 주방이 탄생하지요.

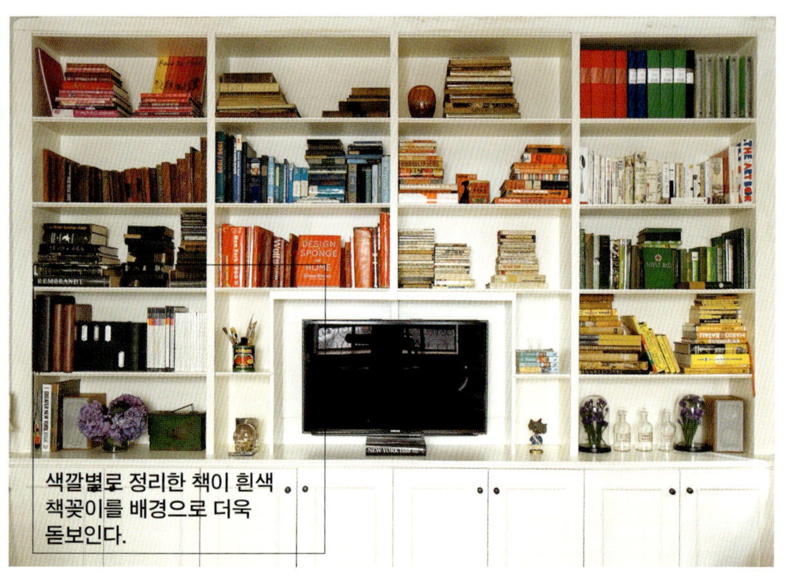

색깔별로 정리한 책이 흰색 책꽂이를 배경으로 더욱 돋보인다.

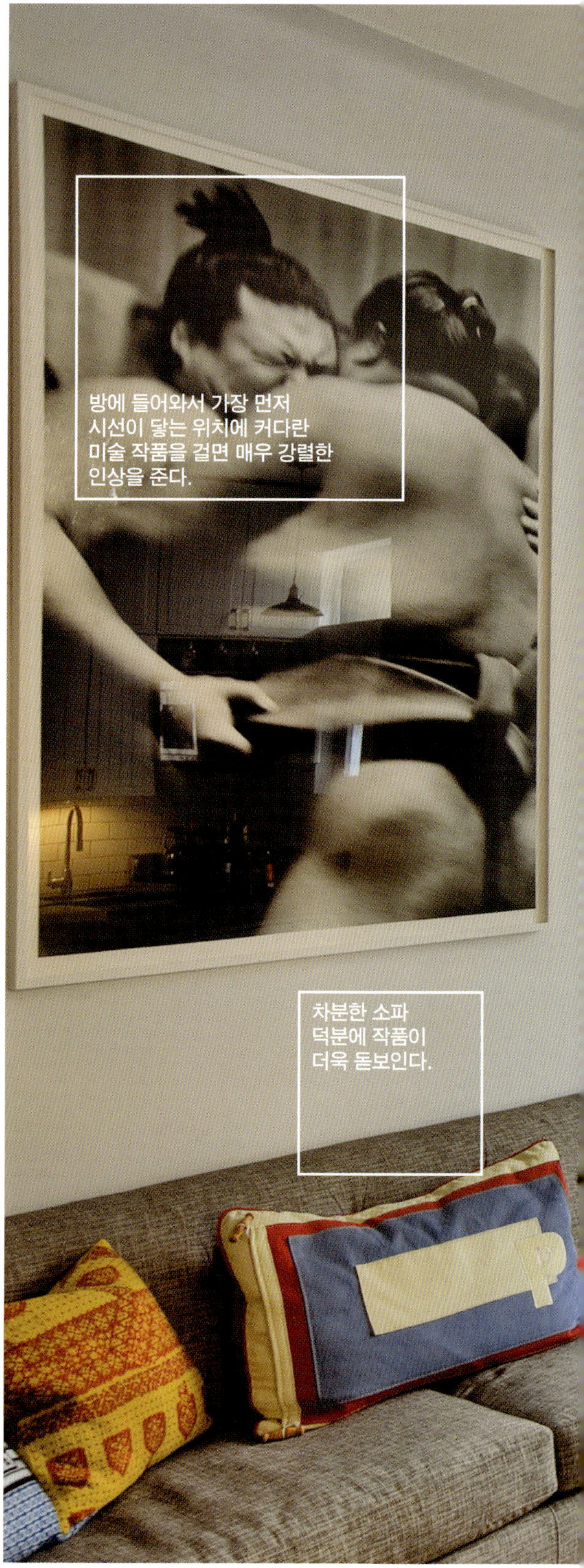
방에 들어와서 가장 먼저 시선이 닿는 위치에 커다란 미술 작품을 걸면 매우 강렬한 인상을 준다.
차분한 소파 덕분에 작품이 더욱 돋보인다.

2단계

거실 꾸미기

우리는 데이비드가 가지고 있던 멋진 가구를 많이 활용했지만, 소파는 너무 크고 투박해 바꿔야만 했다. CB2에서 들여온 깔끔하게 떨어지는 소파는 거실에 훨씬 잘 어울렸다.

또 우리는 ABC 카펫 앤드 홈에서 커다란 샹들리에를 보고 한눈에 반했고 이 거실에 좋은 포인트가 되리라 생각했다. 작은 아파트에도 얼마든지 큰 조명을 사용해도 된다. 이 샹들리에는 처음부터 거기 있었던 것처럼 보였고, 남성적인 전체 분위기에 여성적인 느낌을 살짝 더해 균형을 잡아 주었다.

1층에 자리한 이 아파트는 거리와 수평을 이루고 있었기에 데이비드는 오랫동안 커다란 접이식 셰이드를 사용해 왔고, 맨해튼 중심가에 사는 사람들이 대개 그렇듯 사생활 보호와 자연광 중 하나를 선택해야 하는 고민에 빠질 수밖에 없었다. 우리는 기존 셰이드를 치우고 단순한 흰색 양방향 셰이드를 달아 분위기를 완전히 바꾸는 동시에 사생활과 자연광을 모두 누릴 수 있도록 했다.

독특한 세공에서
오래된 집만의
특별한 매력이
느껴진다.
수집가인 데이비드
가 모은 물건 중
상당수를 집안 곳곳
에 활용했다.

침실 재정비하기

침실은 상당히 작았고, 데이비드에게는 작업 공간이 필요했다. 캘리포니아 클로젯California Closet에 의뢰해 천장까지 닿는 옷장을 짜 넣고 자전거를 벽에 걸자 책상을 들여놓을 자리가 생겼다. 책상은 시티 파운드리City Foundry에서 맞춤 제작했다. 재생 목재를 사용한 상판을 딱 필요한 크기만큼 잘라 일반 책상보다 살짝 높은 금속 틀 위에 앉혀 만든 책상은 데이비드가 이미 가지고 있던 인더스트리얼 스타일 스툴과 기가 막히게 어울렸다.

이 조명은 ABC 카펫 앤드 홈에서 구입했다.

욕실 개조하기

우리는 일단 기존 세면대와 변기를 철거하고 타일을 전부 깔끔한 흰색 지
하철 타일로 바꾸었다. 또 욕조를 없애고 큼지막하지만 욕조보다 공간을
덜 차지하는 유리 샤워 부스를 설치했다. 또 덩치 큰 배니티vanity(화장대
딸린 세면대) 대신 일반 세면대를 사용하되 수도꼭지를 갈아 끼워 고급스
러운 느낌을 냈다. 흰색 타일을 배경으로 더욱 돋보이는 빈티지 욕실장은
인더스트리얼한 전체 분위기에 완벽히 어울렸다.

티퍼 고어 Tipper Gore

우리는 사진작가 티퍼 고어에게 사진 멋지게 찍는 비결을 물었다.

내게 사진은 곧 열정입니다. 나 자신을 표현하기 위해 스스로 택한 수단이죠. 사진을 통해 나는 영감과 동기, 앞으로 나아갈 힘을 얻습니다. 운 좋게도 나는 여러 해 동안 신문사 소속 및 프리랜서로 일하면서 매우 다양한 인물과 장소, 야생동물 등을 촬영할 수 있었죠. 자연에 렌즈 초점을 맞추다 보니 이 세상에 존재하는 다양함과 아름다움에 대한 경외가 깊어지더군요. 여태까지 찍은 모든 사진을 통해 나는 삶 자체와 더욱 깊이 소통한다는 느낌이 듭니다.

몇 가지 조언을 드리자면 다음과 같습니다.

• 눈을 크게 뜨고 주위를 둘러보세요. 꽃이나 나무, 동물, 아침놀과 저녁놀, 안개와 구름, 애완동물이나 사람 등 어디에서든 아름다움을 발견할 수 있습니다. 마음에 드는 사진을 인화해 집을 꾸미는 데 사용해 보세요.

• 불행한 상황에서 사진에 담을 수 있는 이야기도 있습니다. 화재나 홍수 현장, 녹아내리는 빙하나 말라붙은 강바닥을 찍은 사진을 예로 들 수 있죠. 이런 사진은 사람들이 세상을 다른 시각으로 바라보도록 도울 뿐만 아니라 세상을 바꾸려는 노력에 동참하도록 이끌 수도 있습니다.

• 근접 촬영을 하면 못 보고 지나가기 쉬운 멋진 무늬나 질감을 잡아낼 수도 있습니다. 나무껍질이나 잎사귀, 돌, 잔물결, 꽃잎 등에는 자연이 창조한 디자인이 살아 있죠.

• 계절이 변할 때마다 같은 장소를 찍어 시간의 흐름을 기록해 보세요. 이 사진들을 나란히 걸어 두면 멋진 작품이 됩니다.

• 시간에 따라 변하는 햇빛을 두고 이리저리 시험해 보세요. 평소보다 높거나 낮은 시선으로 사물을 바라보는 것도 좋습니다. 상상력을 발휘해 세상을 신선한 시각에서 바라볼 방법을 찾아보세요.

• 야생동물을 촬영하려면 준비가 필요합니다. 해당 지역을 꼼꼼히 조사하고 날씨와 일조량의 변화에도 주의를 기울이며 알맞은 장비와 복장을 갖춰야 합니다. 동물 자체는 물론 그들의 행동양식과 습성도 존중해 주세요. 사유지에 들어가고 싶다면 반드시 먼저 허가를 받아야 합니다. 구도와 광량, 동물의 습성을 고려해 가장 알맞은 촬영 위치를 잡으세요. 탄성이 나올 만한 사진을 찍으려면 몇 시간이고 끈기 있게 기다려야 합니다.

나는 누구에게나 숨겨진 예술적 기질이 있다고 생각합니다. 그러니 망설이지 마세요. 카메라를 챙겨 밖으로 나가서 당신을 기다리는 아름다움을 찾길 바랍니다.

나무로 엮은 차양은 사생활 보호와 낭만을 동시에 제공한다.

뒤뜰 새로 단장하기

데이비드의 아파트에는 맨해튼에서 웬만해서는 바라기 어려운 매력적인 뒤뜰이 있었지만, 앉아서 쉬거나 식사를 하거나 친구들과 이야기를 나눌 만한 공간은 아니었다. 구석에 놓인 탁자는 거의 망가져 있었고 플라스틱 의자들도 상태가 좋지 않았다. 뒤뜰에 할당된 예산은 상당히 적었기에 우리는 이곳을 즐겁고 쓸모 있는 공간으로 바꾸기 위해 몇 가지 기발한 방법을 생각해 냈다.

우리는 친구이자 공예가인 존 후시먼드John Houshmand에게 목공 일을 도와 달라고 부탁했다. 존은 뉴욕 북부에서 커다란 나무판을 구해와 원래 있던 탁자 위에 고정하고 다리도 더 튼튼하게 보강했다. 또 존은 탁자 위쪽에 나무를 엮어 만든 차양도 설치해 주었다.

철거 작업을 하다 발견한 이 창문 덕분에 이제는 주방에도 햇빛이 든다.
흰색 수납장은 단순하고 깔끔하다.
빈티지 철제 바구니에 와인을 담아 보관하면 색다른 재미가 있다.

프로젝트 결과

데이비드의 아파트는 기본 뼈대가 좋고 매력이 넘치는 곳이었다. 주방과 거실 사이 벽을 없애고 그림과 조명, 가구 몇 점을 덧붙임으로써 우리는 예스러운 멋과 현대적 매력이 공존하는 공간을 창조할 수 있었다.

직접 하는 방법

적은 비용으로
욕실을 개조하는
아이디어

- 흰색 지하철 타일은 비싸지 않으면서도 세련되고 깔끔한 느낌이 난다. 예산에 약간 여유가 있다면 고급 타일로 포인트 월을 꾸미거나 지하철 타일 중간에 띠처럼 붙여 보자.

- 세면대와 변기, 욕조는 저렴한 제품이라도 충분히 제 몫을 할 뿐 아니라 보기에는 고급 제품과 큰 차이가 없다.

- 아주 고급 제품을 쓸 수 없다면 배니티보다는 일반 세면대가 낫다. 싼 배니티는 싸구려 티가 난다.

- 샤워 커튼보다는 유리 샤워 부스가 훨씬 낫다.

- 조명 하나만 잘 골라도 분위기가 확 달라진다.

- 세면대 위에 빈티지 욕실장과 거울을 달면 굉장히 세련되어 보인다.

주방 개조에
유용한 요령

- 더 비싼 물건이 훨씬 낫다는 법은 없다. 스테인리스는 어디에 써도 보기 좋지만, 꼭 고가 제품을 고를 필요는 없다.

- 단순하고 저렴한 수납장도 고급스러워 보일 수 있으며, 특히 금속 장식을 세련된 것으로 바꾸면 매우 효과적이다.

- 꼭 비싼 조리대 상판을 고를 필요는 전혀 없다. 단순한 인조석 상판도 충분히 매력적이다.

- 멋진 빈티지 가구를 아일랜드 식탁 대신 활용하면 독특한 분위기가 난다.

- 접시와 컵, 또는 식료품을 보관할 때 책꽂이를 사용하면 편리하다.

- 현대적 주방에 비싸지 않은 빈티지 조명을 달면 개성을 더할 수 있다.

- 가전제품을 전부 같은 브랜드로 통일할 필요는 없다. 마음에 드는 제품을 고르자.

- 되도록 열린 구조를 택하자. 사람들은 누구나 요리를 하면서 손님과 이야기를 나누고 싶어 한다.

비용 분석

	항목	비용
	공사비	$70,762.05
	바닥재와 카펫	$119.56
	창문 장식	$1,740.91
	조명	$4,123.71
	벽장 및 옷장	$4,726.05
	주방 개조	$13,135.69
	주방 장식품	$644.59
	욕실 개조	$7,186.57
	가구	$6,482.73
	그림	$1,500.30
	거실 장식품	$4,510.66
	침구와 수건	$1,115.32
	계	$116,048.14

뉴욕과
오클라호마의
만남

모험이 가득한 다락방
PIONEERING ATTIC

'파이어니어 우먼The Pioneer Woman (여성 개척자)'이라는 필명으로 널리 알려진 리 드러먼드Ree Drummond와 그녀의 남편 래드Ladd의 초대로 오클라호마 주 시골에 있는 목장에 간 우리는 그들의 두 딸인 열세 살 알렉스Alex와 열한 살 페이지Paige가 쓸 침실을 만들어 달라는 부탁을 받았다. 리와 래드는 네 아이와 함께 일소를 키우는 커다란 목장에서 살았고, 목장에는 소는 물론 개와 고양이, 길들인 말뿐만 아니라 야생마까지 수많은 동물이 있었다. 가족이 사는 집은 래드가 두 형제와 함께 어린 시절을 보낸 집으로 1970년대 초에 지어진 건물이었다. 오클라호마 평원 한가운데 숨 막히도록 아름다운 땅에 자리 잡은 이 집은 널찍하고 매우 아늑하며 매력적인 곳이었다. 우리는 이쪽 지역에서 일해 본 적이 없었기에 새로운 경험에 마음이 설레었다.

우리가 작업을 시작하기 전 알렉스와 페이지는 남동생인 아홉 살 토드Todd, 일곱 살의 브라이스Bryce와 2층을 함께 쓰고 있었다. 2층은 넓게 트인 공간에 문이 없고 칸막이로 나뉜 조그만 침실 세 개가 있는 구조였기에 두 소녀가 자기들만의 공간을 간절히 바란 것은 당연한 일이었다.

프로젝트를
시작하며

예산

2만 5천 달러

목표

길고 좁은 창고를
두 소녀가 쓸 침실로 바꾸기

고객 요청사항

1. 두 소녀가 자신들의 방이라고
   여길 만한 공간

2. 주황색 카펫 바꾸기

3. 옷을 보관할 수납공간

4. 숙제와 공예 등을
   할 수 있는 작업 공간

'긴 방'

이 방에는
조명이 더
필요했다.

다락방 같은
느낌이 덜 나게
하려면 어떻게
해야 할까?

이런 것은
빨리 치워야 할
물건이다.

'우리는 모든 소녀가
꿈꾸는 방을 만들고 싶었다.'

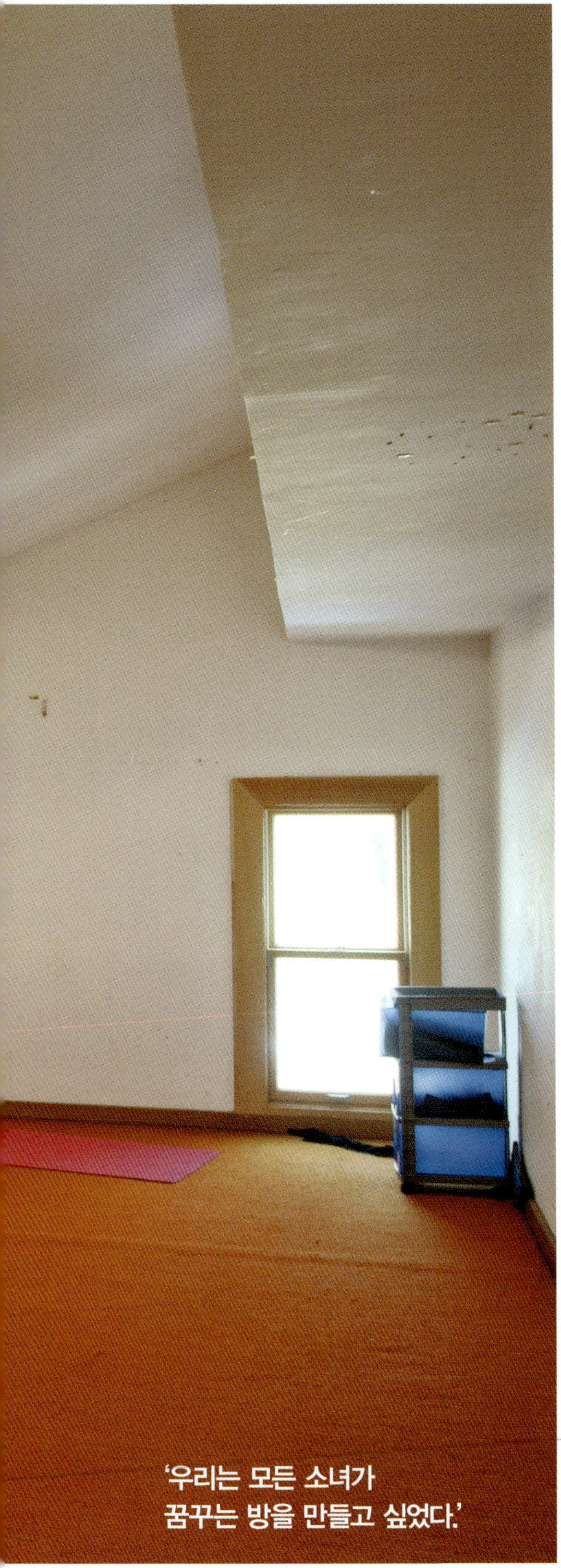

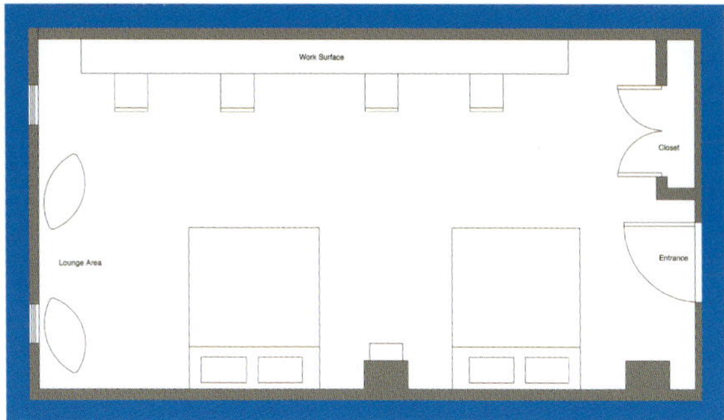

드러먼드 부부는 딸들에게 사용하지 않는 방 하나를 따로 내주려는 계획을 세웠다. 이 방은 오랫동안 창고로 사용되었고, 매우 좁고 길어 가족들은 이곳을 '긴 방'이라고 불렀다. 우리가 도착할 무렵에는 방에 있던 물건들은 이미 싹 치워지고 10년이라는 세월의 흔적이 고스란히 남은 주황색 카펫만이 바닥을 덮고 있었다.

우리는 모든 소녀가 꿈꾸는 방, 다시 말해 알렉스와 페이지가 잠자고 공부하고 무언가를 만들고 친구들을 불러 놀기에 부족함이 없는 공간을 만들고 싶었다. 우리 목표는 독특한 가구와 색감으로 아이들의 개성을 표현하면서도 탁 트인 느낌은 그대로 살리는 것이었다. 문제는 방의 형태 자체였다. 이 방은 좁고 길 뿐만 아니라 천장도 한쪽으로 경사져 있었다. 하지만 한쪽 끝에 출입구와 벽장이 있고 반대쪽 끝에 창문 두 개가 있어 가운데 공간을 넓게 쓸 수 있다는 점은 긍정적이었다.

드러먼드 부부는 방을 어떤 식으로 꾸며도 좋고 모험적인 디자인을 시도해도 된다고 허락해 주었으므로 우리는 매우 즐겁게 일할 수 있었다. 리와 래드 그리고 아이들과 어느 정도 가까워진 후 우리는 비록 사는 환경은 다르지만 정신없는 가운데에서도 순간을 즐기며 활기차게 살아가는 가족이라는 점에서 그들과 우리 가족이 매우 닮았다는 사실을 깨달았다.

1단계

철거하기

작업을 시작하기 전 우리는 먼저 남아 있는 것들을 전부 치워야 했다. 우선은 바닥을 꽉 채우고 있던 주황색 카펫부터 걷어냈다. 또 이 방은 한동안 창고로 쓰였기에 상태가 좋지 않은 벽 표면도 손볼 필요가 있었다. 벽을 고르게 손질한 후 흰색 페인트를 칠하고 나서야 본격적으로 작업에 들어갈 준비가 되었다.

마루를 새로 깔 만한 예산은 없었으므로 우리는 기존 카펫 대신 플로어Flor에서 나오는 조립식 카펫 타일 중 파란색 '인즈 앤드 아웃츠Ins and Outs' 제품을 골라 깔았다. 대담한 파란색은 방 전체의 소녀다운 느낌이 지나치게 흐르지 않도록 막아 주었고, 바닥 전체를 강한 무늬로 채우자 오히려 차분한 느낌이 나고 그 위에 올라가는 가구가 돋보였다.

원래 있던 벽장은 상당히 깊었지만 옷걸이 봉이 하나밖에 없고 수납용 서랍이나 선반, 문이 없어 활용하지 못하는 공간이 꽤 컸다. 우리는 이 죽은 공간에 딱 맞도록 선반을 짜 넣었다. 또 방 전체 색에 맞춰 흰색으로 칠한 문을 달아 벽장을 마무리했다.

항상 디테일이 큰 차이를 낳는다.

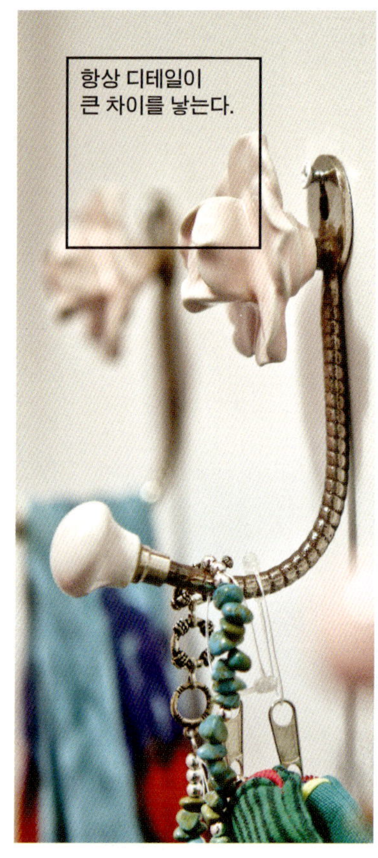

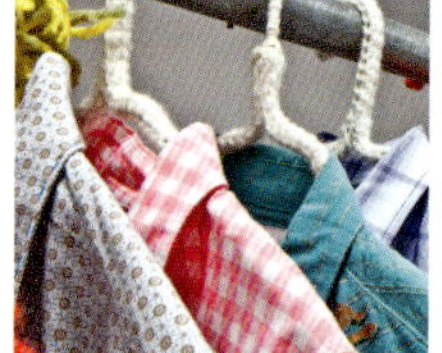

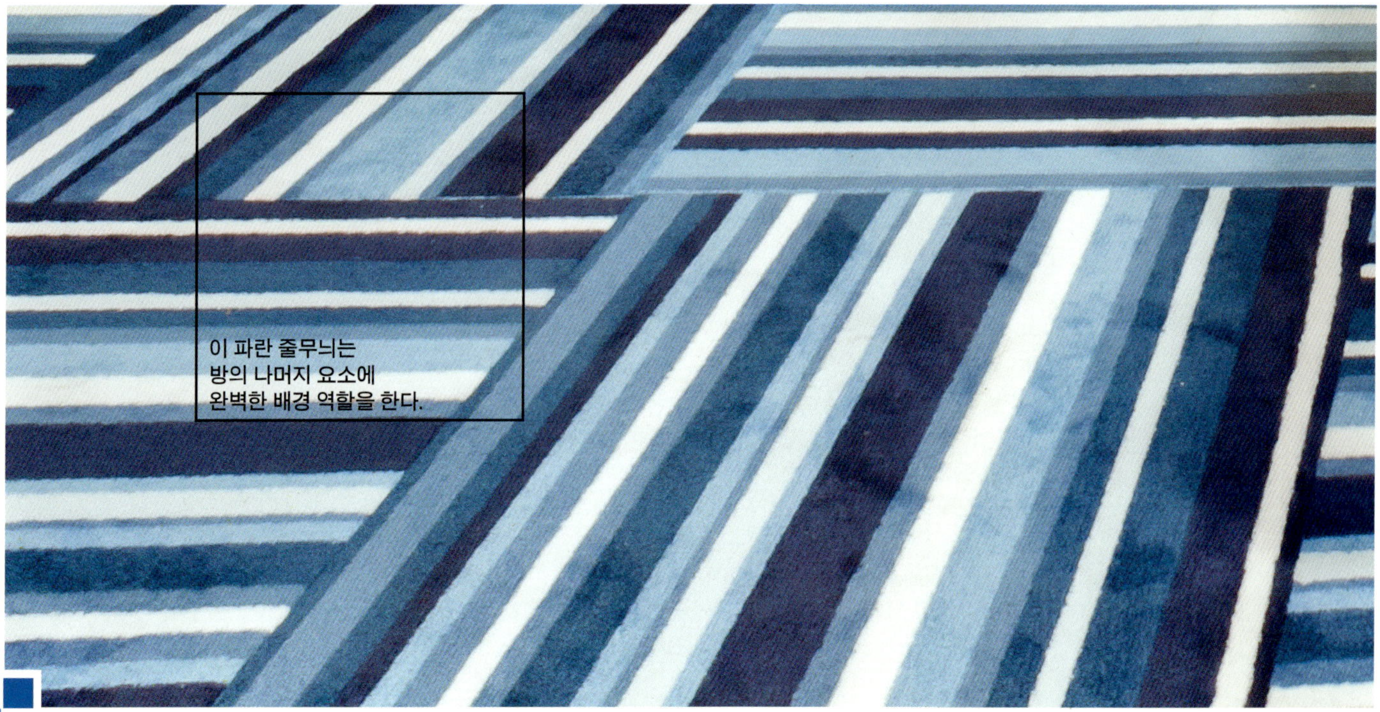

이 파란 줄무늬는 방의 나머지 요소에 완벽한 배경 역할을 한다.

근처 골동품상에서
발견한 말발굽을
행운의 부적 삼아
걸었다.

CB2에서 발견한
이 벌집 모양 선반은
아이들의 카우보이
부츠 보관에
딱 알맞았다.

걸이식 침대 설치하기

탁 트인 느낌을 유지하면서 드러먼드 농장만의 분위기도 반영하고 싶었던 우리는 지역 공예가인 칼 엥겔Carl Engel에게 나무와 금속을 사용해 천장에 매다는 방식의 침대를 제작해 달라고 의뢰했다. 침대 설치는 만만치 않은 작업이었다. 침대가 엄청나게 무거웠기에 천장의 들보에 고정해야 했다. 하지만 침대 아래에 생긴 공간 덕분에 방이 훨씬 덜 복잡해 보였다.

레이스가 잔뜩 달리고 지나치게 달콤한 분홍색 침구 대신 우리는 단순하지만 예쁜, 잔잔한 전원풍 색상 침구를 골랐다. 이런 원단은 침대를 돋보이게 하는 동시에 부드럽고 여성스러운 맛이 난다.

침대 사이에 놓은 녹색 네스팅 테이블nesting table(크기가 다른 여러 개를 겹쳐 놓을 수 있는 탁자)은 대담하고 기능적이며, 그 위의 토끼 모양 스탠드는 책 읽기에 충분한 빛과 재미를 함께 제공한다.

우리의 좋은 친구이자 뉴욕에서 활동하는 화가인 린다 메이슨Linda Mason은 침대 머리맡에 걸 수 있도록 알렉스와 페이지의 초상화를 그려주었다. 우리는 이것이 개인적 예술 작품을 접하는 데 매우 좋은 방법이라고 생각한다.

'침대 설치는 만만치 않은 작업이었다.'

린다 메이슨 Linda Mason

화가인 린다는 우리가 맨해튼에서 지낸 지 얼마 안 되어 우리와 친구가 되었다. 우리는 그녀에게 아이들의 초상화 그리는 일에 대해 몇 가지 물었다.

Q: 왜 사람들은 아이들의 초상화를 그렇게 좋아할까요?
A: 아이들을 사랑하면 할수록 영원히 간직하고 싶은 순간이 생기기 마련이죠. 훌륭한 초상화가는 이 아름다운 순간 중 하나를 포착해 화폭에 담아내고, 그림을 보는 사람은 자기 아이가 아닐지라도 그 아이의 본질과 개성, 매력을 느끼게 됩니다. 이런 면에서 초상화는 사진보다 깊이가 있죠.

Q: 어떤 계기로 아이들을 그리기 시작했나요?
A: 나는 항상 아이들을 좋아했고 아주 오래전에는 소아과 간호사가 되려고 교육을 받은 적도 있어요. 하지만 처음 아이의 초상화를 그려볼 생각을 한 계기는 바로 내 딸 데이지Daisy에 대한 사랑이었죠.

Q: 초상화를 그릴 때 특별히 선호하는 크기가 있나요?
A: 아이에 따라 다르지만 캔버스에 아크릴화를 그릴 때는 주로 46cm x 61cm, 46cm x 46cm, 61cm x 92cm 크기를 사용해요. 아이가 어리다면 이 정도가 실물보다는 크지만 보는 사람이 압도될 정도로 크지는 않은 적당한 크기이기 때문이에요.

Q: 사진과 실물 중 어느 쪽을 보고 그리는 편이 쉬운가요?
A: 원래는 내가 직접 찍은 사진을 보고 그리는 방법을 고집했어요. 그런 과정을 통하면 내가 대상을 '알아 갈' 수 있기 때문이었죠. 실은 지금도 이 방법을 가장 좋아하지만, 고객들이 보내주는 사진을 보고 작업하기도 해요. 사진을 그대로 모사하는 것이 아니라 영감의 원천으로 활용할 때가 많으므로 눈이 잘 나온 클로즈업 사진을 포함해 다양한 사진을 보내주면 도움이 되지요.

Q: 초상화를 그리기에 가장 좋은 나이가 있나요?
A: 10개월 이상이면 언제든 괜찮아요. 10개월 무렵이면 아기가 뚜렷한 개성을 보이며 자기 자신을 편안하게 느끼기 시작하거든요. 커다란 변화를 겪는 시기인 10대 초반 아이들은 조금 긴장하고 자신을 편안하게 받아들이지 못하는 경향이 있어요. 이 시기 아이를 그리는 것은 불가능하지는 않지만 상당히 까다롭죠. 하지만 어떤 나이이든 나름의 매력이 있어 콕 집어 말하기는 어렵네요. 아마도 부모가 가장 잘 판단하리라 생각해요.

3단계

긴 책상 만들기

우리는 칼 엥겔에게 침대를 만들 때처럼 이 지역에서 나는 목재로 책상을 만들어 달라고 부탁했고, 칼은 거의 방 길이 전체를 차지하는 5미터짜리 엄청난 책상을 가지고 왔다. 상판 아래 받침대는 수납을 겸하는 상자로 되어 있었고, 우리는 이 상자를 보라색으로 칠해 포인트를 주고 책상에 귀여운 느낌을 더했다. 책상 위에는 흰색 선반을 달아 책이나 사진, 수집품, 상패 등을 올려놓을 수 있도록 했다.

4단계

휴식 공간 마련하기

우린 창문 아래 아이들이 앉아 책을 읽고 뜨개질을 하거나 친구들과 수다를 떨 수 있는 공간을 만들기로 했다. 창문이 있는 벽에는 제니 윌킨슨Jenny Wilkinson이 디자인한 '번호에 맞춰 색칠하는 벽지'를 발랐다. 색을 칠하지 않아도 예쁘지만, 아이들이 칠하고 싶어 할 때를 대비해 갖가지 색깔의 마커가 가득 든 바구니를 준비해 두었다.

빈백 의자는 루피 디자인Loopee Design에서 만든 싯온잇Sitonit 오리지널 제품이다. 넓게 펼치면 침대로 사용할 수도 있다.

샹들리에는 오클라호마 젠크스Jenks에 있는 리버 시티 트레이딩 포스트River City Trading Post에서 찾아낸 물건이다. 샹들리에 덕분에 이 휴식처는 독립된 공간 같은 느낌이 들었다.

번호에 맞춰 색칠하는 벽지는 벽에 원하는 만큼 색깔을 더할 수 있게 해준다.

여자아이라면 누구나 샹들리에를 좋아한다.

잡지꽂이를 활용하면 원단을 손쉽고 깔끔하게 보관할 수 있다.

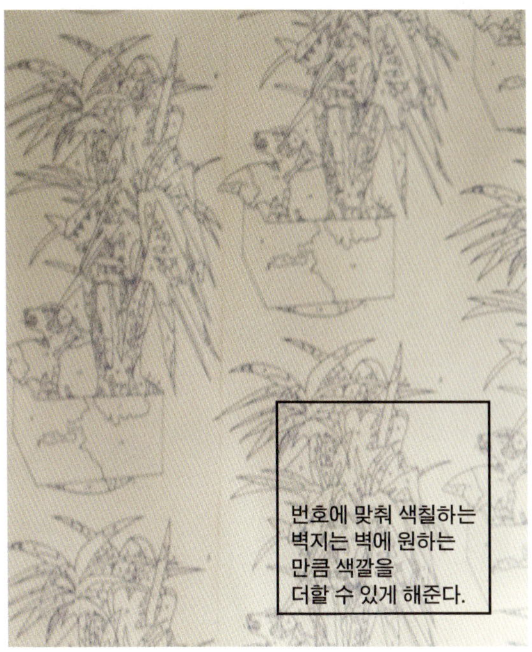

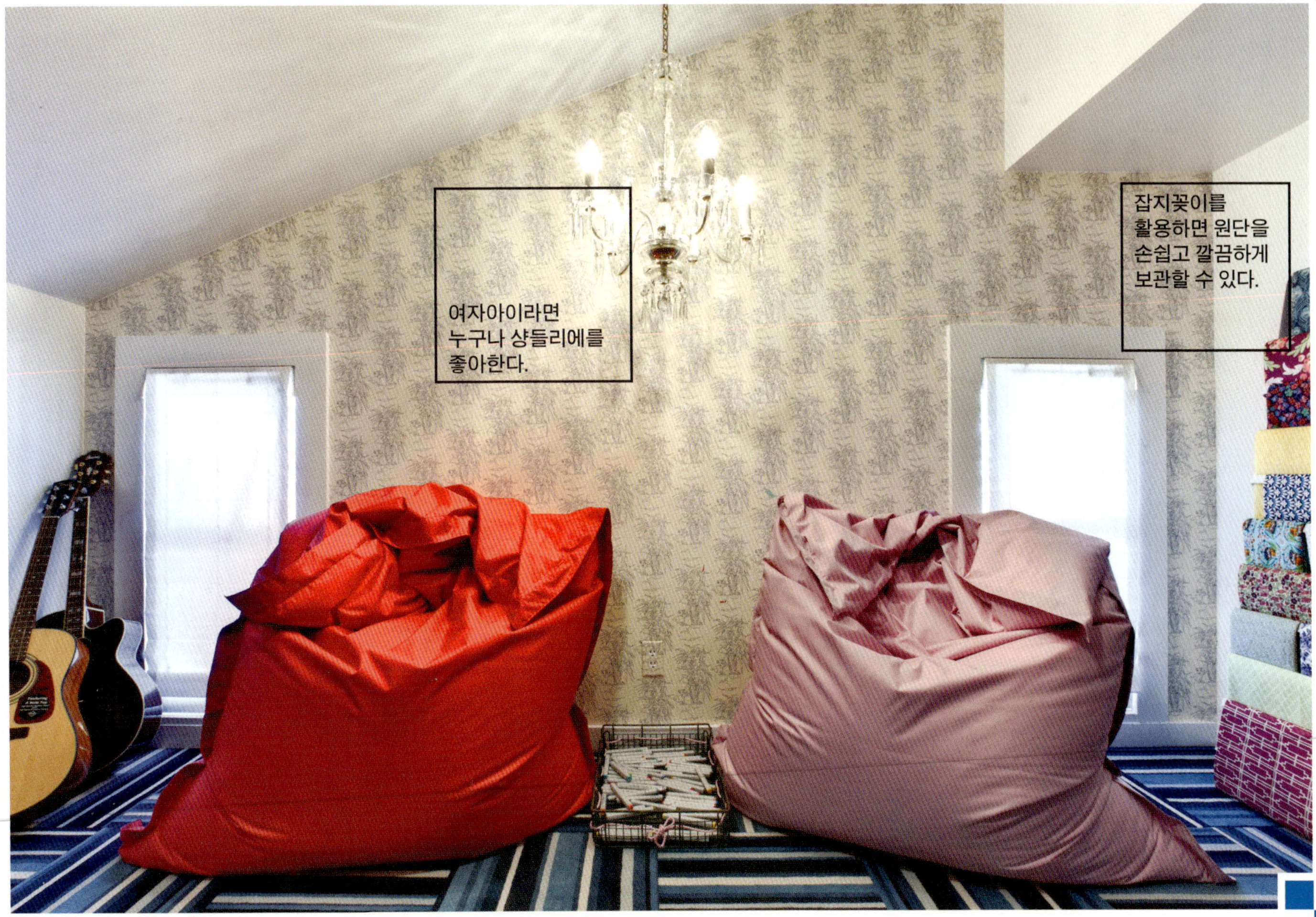

프로젝트 결과

방이 워낙 좁고 길었으므로 알렉스와 페이지가 잠자고 공부하고 쉴 수 있
는 공간을 만들려면 틀을 깨는 아이디어가 필요했다. 우리는 천장에 매다
는 침대와 커다란 책상으로 문제를 해결했다. 극적인 해결책이 효과적일
때도 있으며, 이 방에서 우리가 시도한 모험은 멋진 결과를 불러왔다.

벽을 밝은색으로
칠하면 방이 훨씬
넓어 보인다.

자매의 침구는
같은 것보다 다르지만
서로 조화를 이루는
편이 좋다.

여자아이 방에
나무와 금속을 사용한
가구를 놓는 것도
상당히 멋지다.

프로퍼티Property에서
나오는 이 식탁 의자는
전체가 고무로 되어
있어 관리가 쉽다.

직접 하는 방법

번호에 맞춰
색칠하는 벽지
활용하기

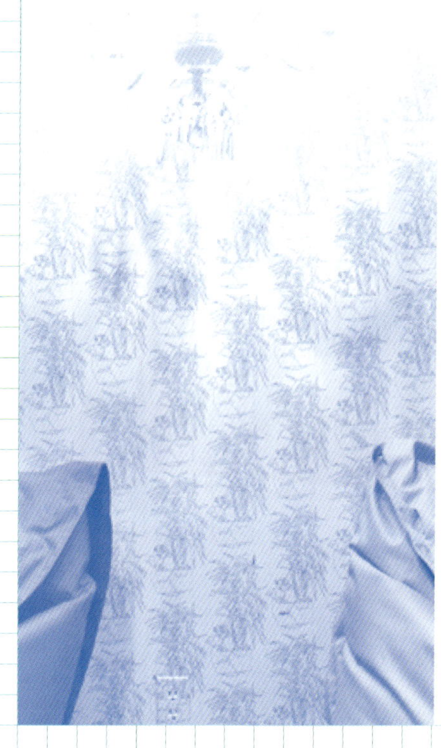

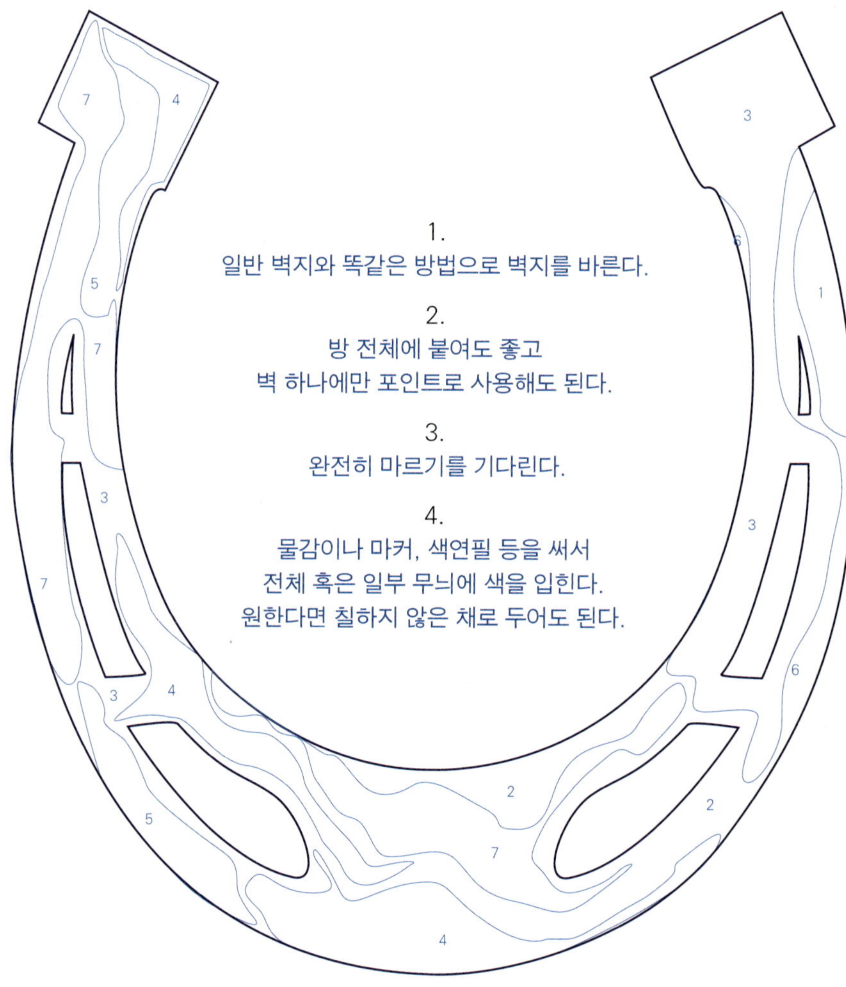

1.

일반 벽지와 똑같은 방법으로 벽지를 바른다.

2.

방 전체에 붙여도 좋고
벽 하나에만 포인트로 사용해도 된다.

3.

완전히 마르기를 기다린다.

4.

물감이나 마커, 색연필 등을 써서
전체 혹은 일부 무늬에 색을 입힌다.
원한다면 칠하지 않은 채로 두어도 된다.

비용 분석

항목	비용
공사비	$15,000.00
페인트와 벽지	$240.00
바닥재와 카펫	$1,918.40
창문 장식	$470.00
조명	$655.40
가구	$3,554.90
매트리스와 침구	$1,064.00
미술 작품	GIFT
인테리어 소품	$1,875.18
책상 장식품	$383.00
공예 재료 및 수납장	$2,157.96
계	$27,318.84

IN

젊은 예술가들의 보금자리

HIPSTER HAVENN

DQM(스케이트보드/스케이트 의류 회사)의 디자이너이자 브랜드 매니저인 팻 쿡Pat Cook과 그의 약혼녀이자 그래픽 디자이너인 리카 시마다Rika Shimada는 브루클린 윌리엄스버그에 있는 4층 건물에 침실 두 개, 욕실 두 개짜리 아파트를 구입하고 우리에게 연락했다. 이들은 처음 구입한 집이라 기대에 부풀어 이사했지만, 그 다음에 무엇을 해야 할지 망설이고 있었다.

팻과 리카는 원하는 바가 매우 달랐기에 우리에게 각자의 이상이 부딪치지 않고 조화를 이루는 공간을 만들어 달라고 부탁했다. 리카는 아늑하고 아기자기한 샹들리에 같은 여성스러운 느낌을 좋아했고, 팻은 커다란 검은색 가죽 소파와 인더스트리얼한 소품 등 약간 거칠고 남성적인 분위기를 원했다. 다행스럽게도 두 사람은 무엇이든 시도해 볼 준비가 되어 있었다. 그들은 우리에게 자신의 취향과 원하는 바를 알려주고, 좋은 결과를 위해서라면 무엇이든 마음대로 해도 좋다고 허락해 주었다.

함께 집을 꾸미는 것은 커플로서 인생을 꾸려 나가는 데 매우 중요한 단계라고 할 수 있다. 서로에 대

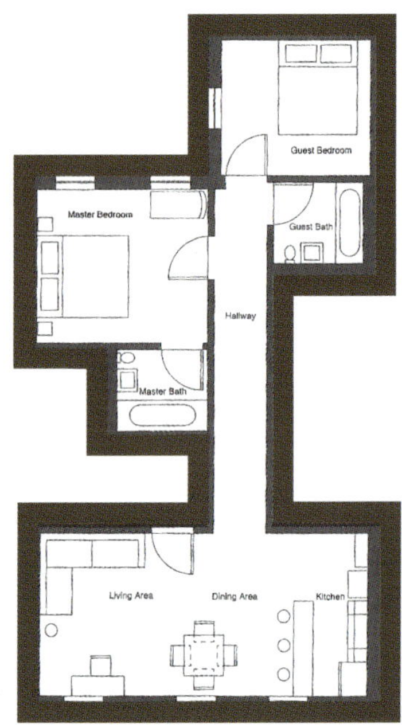

은 것을 배우고 한 팀을 이룬다는 것의 의미를 깨닫게 되기 때문이다. 우리를 만났을 때 팻과 리카는 새집으로 이사한 지 몇 주밖에 되지 않았고, 물건을 아직 제자리에 정돈하지 못해 정신이 없는 상태였다. 우리는 우선 모든 물건을 거실과 안방에 모았다. 물건 일부는 재활용 센터에 기증하고 나중에 처리할 물건은 손님 침실에 넣어둔 다음 나머지는 미련 없이 내다 버렸다.

일단 잡동사니를 처리하고 나니 집을 어떤 식으로 꾸며야 할지 윤곽이 잡히기 시작했다. 스무 번도 넘게 이사한 우리 경험에 비추어 보면 아직 놓을 자리를 정하지 못한 물건과 풀지 않은 짐 상자가 여기저기 흐트러진 상태보다는 물건을 전부 치우고 텅 빈 공간에서 시작하는 편이 훨씬 쉽다.

팻과 리카는 수납장부터 조명, 가구, 미술 작품에 이르기까지 거의 모든 것이 새로 필요했다. 우리에게 가구나 장식품이 없는 빈 아파트는 창의성을 마음껏 발휘할 흰 도화지와 같았다. 가장 큰 문제는 공간의 넓이였다. 거실은 37제곱미터(약 11평)밖에 되지 않았지만 거실과 식당, 바, 주방 역할까지 겸해야 했다.

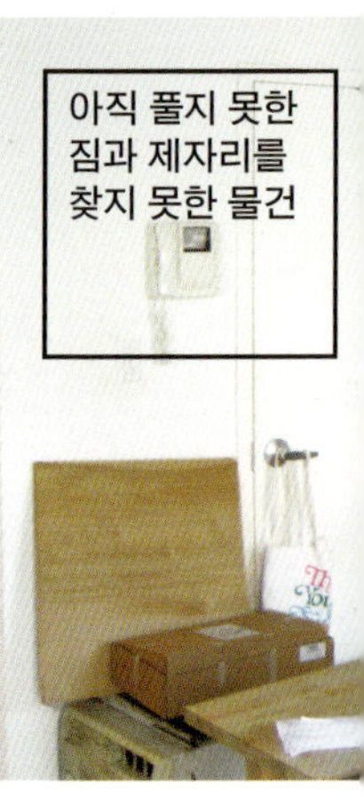

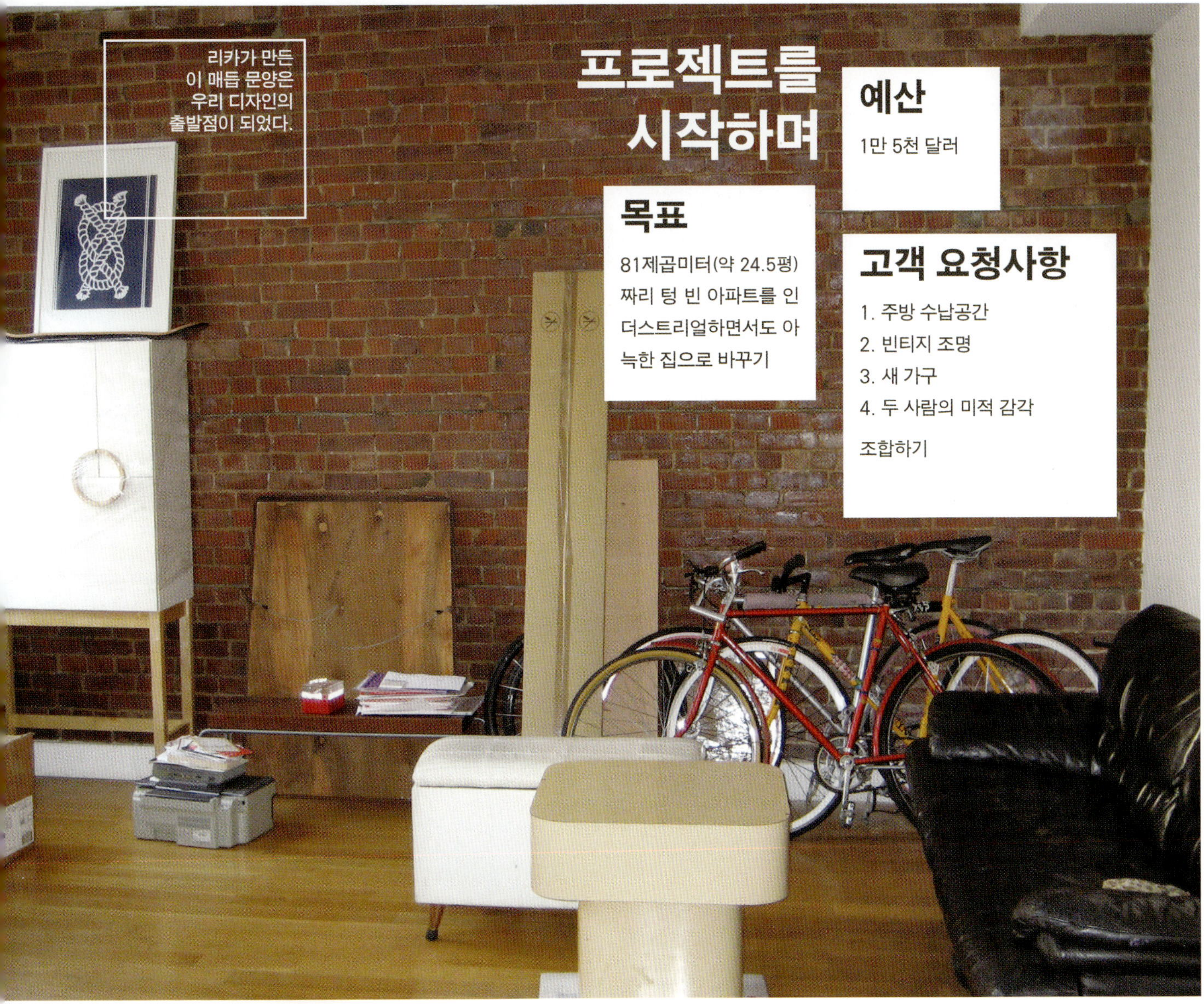

리카가 만든 이 매듭 문양은 우리 디자인의 출발점이 되었다.

프로젝트를 시작하며

예산

1만 5천 달러

목표

81제곱미터(약 24.5평)짜리 텅 빈 아파트를 인더스트리얼하면서도 아늑한 집으로 바꾸기

고객 요청사항

1. 주방 수납공간
2. 빈티지 조명
3. 새 가구
4. 두 사람의 미적 감각

조합하기

'팻과 리카는 물건을 아직 제자리에 정돈하지 못해 정신이 없는 상태였다.'

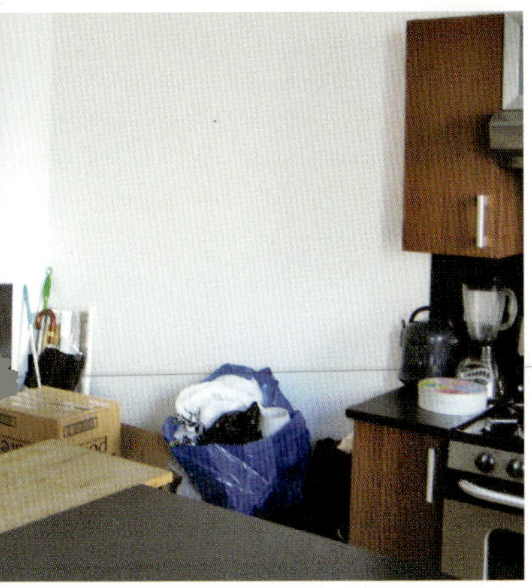

1단계
주방 수납공간 추가하기

이 집의 주방에는 몇 가지 멋진 장점이 있었다. 거실을 향해 열린 구조여서 실제보다 넓어 보였고, 가전제품과 싱크대는 현대적 느낌이 나는 새 것이었다. 단점은 수납공간이 매우 적다는 것이었다. 식료품이나 주방용기구 등 물건을 조금만 들여놓으면 금세 너저분하고 비좁아 보였다.

우리는 가스레인지 근처 빈 공간에 딱 들어맞는 빈티지 가구 두 점을 따로 사서 수납 문제를 해결했다. 흰색 수납장은 세련된 분홍색 전자레인지를 올려놓기에 적당하고 서랍과 선반이 달려 있어 수저류나 주전자, 프라이팬 등을 수납할 수 있으며, 스테인리스 배리스터 책꽂이(한 칸씩 분리되며 위로 들어 올리는 방식의 문이 달린 책꽂이)는 더 많은 수납공간과 팻이 원하는 인더스트리얼한 분위기를 제공한다.

근처의 작은 상점에서 물건을 사면 지역 경제에 도움이 된다.

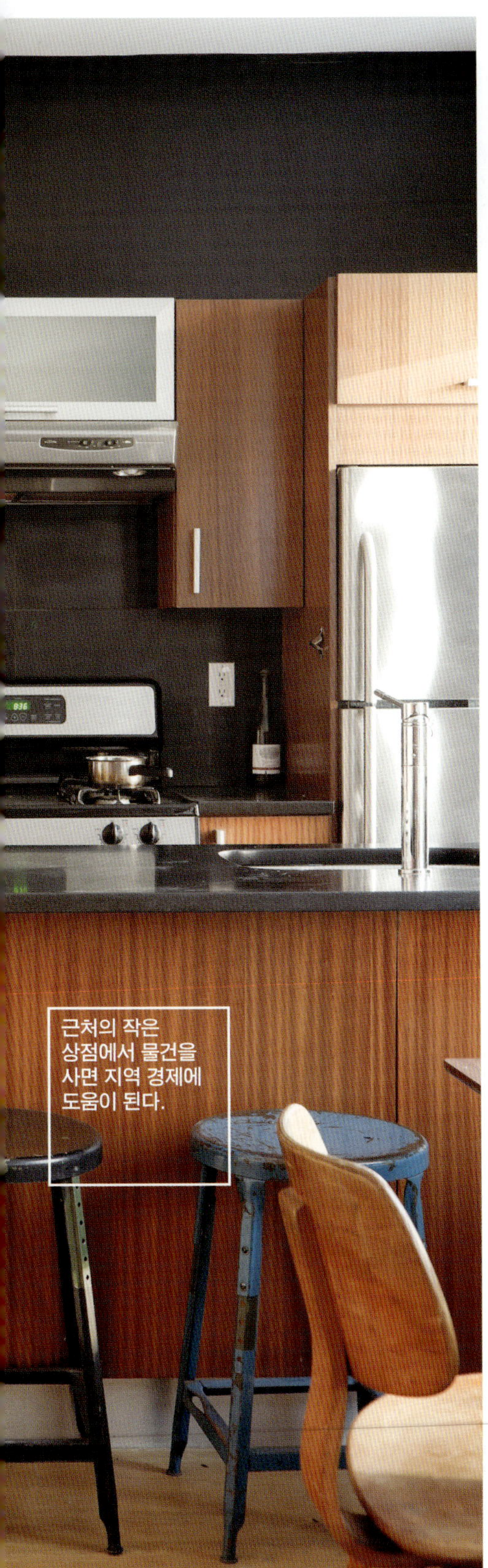

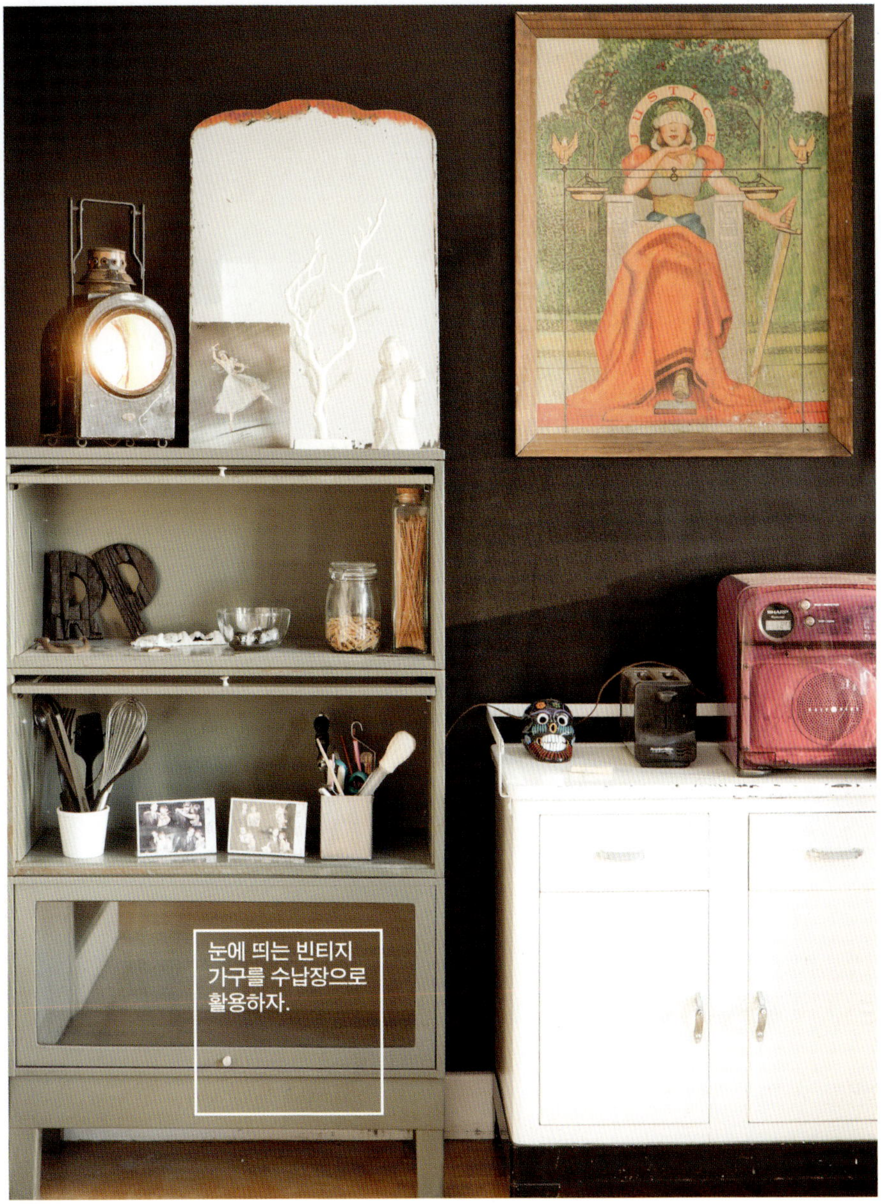

눈에 띄는 빈티지 가구를 수납장으로 활용하자.

'우리는 빈티지 가구 두 점을 사서 수납 문제를 해결했다.'

식사 공간 마련하기

창문 근처에는 원래 있던 테이블과 의자 두 개를 이용해 식사 공간을 마련했다. 우리는 근처 빈티지 상점인 선데이 러브Sunday Love에서 발견한 복고풍 목제 의자 두 개를 거기에 추가했다. 두 종류의 의자를 섞음으로써 기능적이지만 평범하기 그지없는 식탁에 시선이 쏠리는 것을 막을 수 있었다.

와인을 좋아하는 팻을 위해 우리는 싱크대 옆 벽에 골동품 프랑스 와인꽂이를 걸고 와인 병 몇 개와 함께 꽃을 몇 송이 꽂아 재미를 더했다.

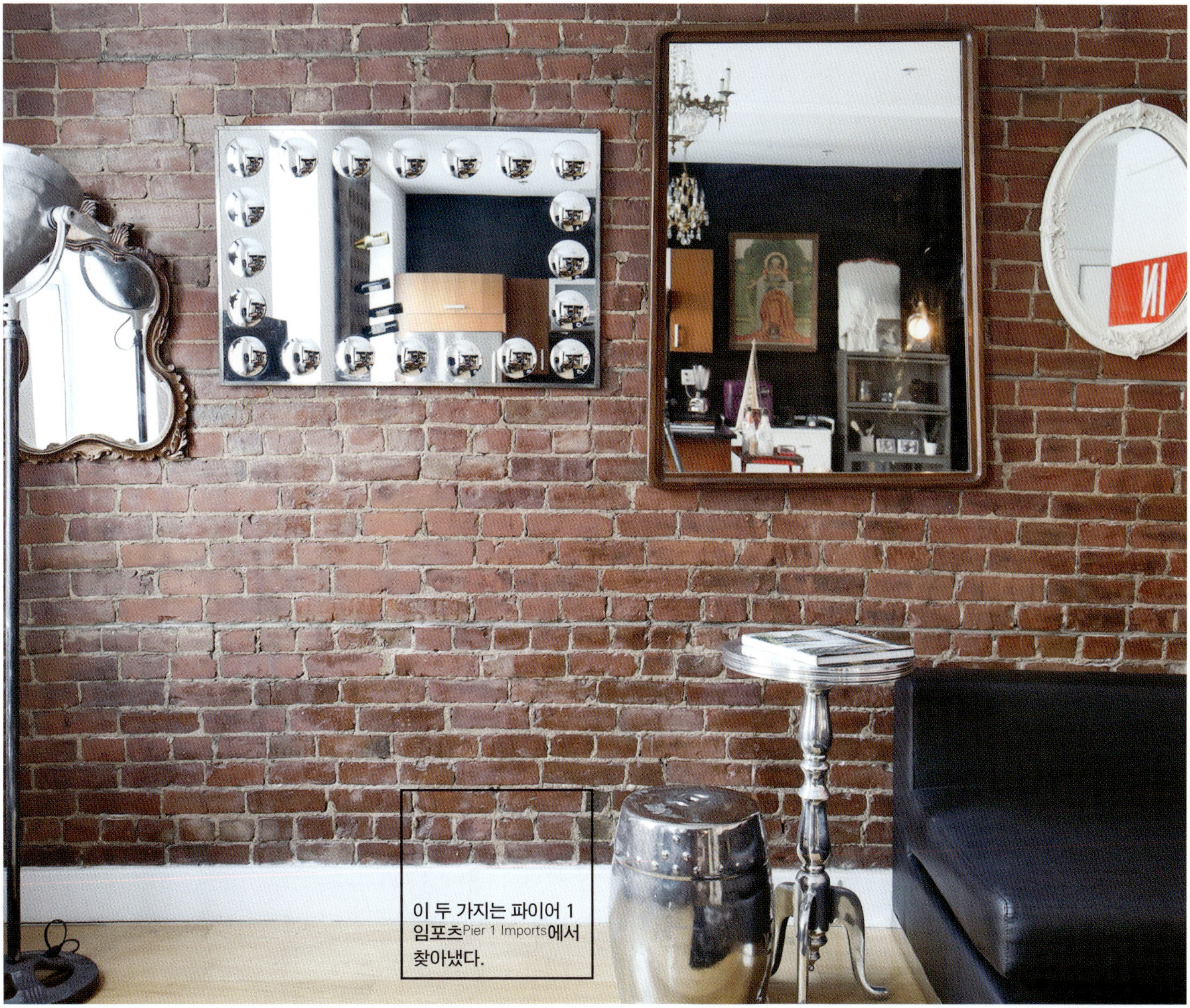

이 두 가지는 파이어 1 임포츠Pier 1 Imports에서 찾아냈다.

3단계

거실 꾸미기

여기서 가장 큰 문제는 공간이었고, 우리는 가능한 한 세련되면서도 젊은 감각을 살리는 것을 목표로 삼았다. 우리는 팻을 위해 검은 분리형 가죽 소파를 들여놓고 위에 다양한 쿠션을 배치해 부드러운 느낌을 더했다. 거울처럼 반짝이는 협탁과 스툴 덕분에 쿠션의 메탈릭한 질감과 금속으로 된 소파 다리가 더욱 돋보였다. 흑백으로 된 깔개는 이 모든 것을 한데 묶는 역할을 했다.

팻이 원하던 가죽 소파에 쿠션을 얹어 균형을 잡았다.

두 가지 취향을 조화시키려는 우리 목표를 상징한다.

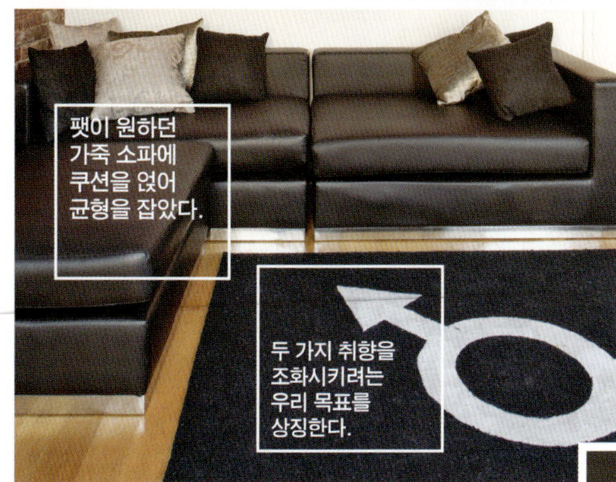

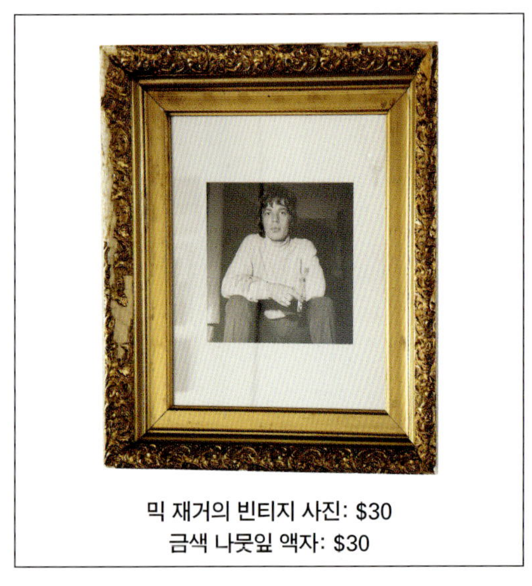

믹 재거의 빈티지 사진: $30
금색 나뭇잎 액자: $30

4단계

침실 꾸미기

침실은 마치 대학생 두 명이 쓰는 방처럼 보였다. 침대와 깔개, 수트케이스 몇 개, 바닥에 쌓아둔 잡동사니 외에는 아무것도 없었다. 침대는 틀도 없이 시멘트 블록을 받쳐 사용하고 있었고, 벽은 텅 비었으며 천장에는 전구 한 개만 달랑 매달려 있었다. 우리는 그리 비싸지 않은 침대틀과 우리가 정한 세련되고 진한 색상 조합에 어울리는 침구를 구입했다. 전구는 멋진 골동품 펜던트 조명으로 바꾸었고, 나머지 가구와 벽, 천장도 손보았다. 우리 목표는 젊은 감각의 파리 호텔 방 같은 느낌이 나는 침실을 만드는 것이었다.

예산이 한정되어 있었기에 침대 뒤 벽에만 벽지를 붙여 방 전체의 포컬 포인트가 되도록 했다. 벽 하나에만 벽지를 붙이면 방 전체에 붙일 때보다 더 대담한 무늬를 사용할 수 있다.

소호에 있는 매터Matter에서 찾은 육각형 무늬 벽지는 우아하면서도 발랄한 느낌이 난다.

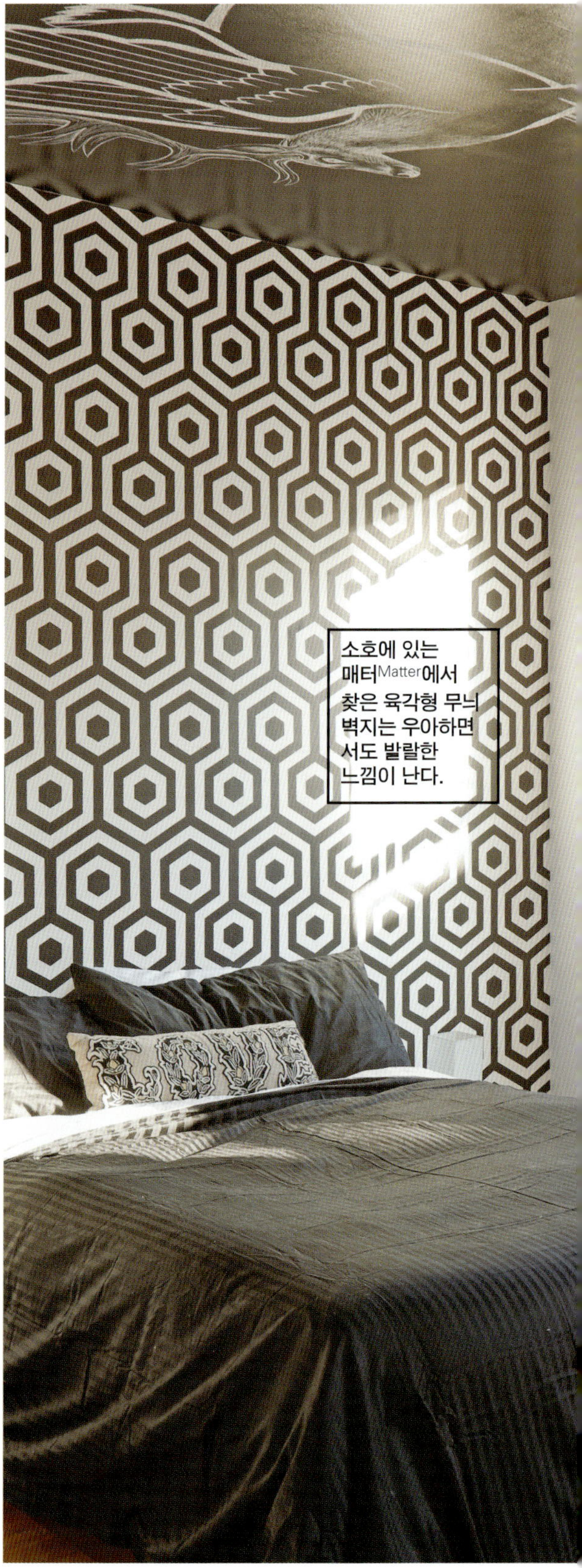

'우리 목표는 젊은 감각의 파리 호텔 방 같은 느낌이 나는 침실을 만드는 것이었다.'

빈티지 거울 여러
장을 모아 걸자
공간이 훨씬
넓어 보인다.

집을 꾸밀 때는
집에 원래 있는
요소를 염두에 두자.

프로젝트 결과

많은 커플이 자신들의 취향을 조화시키는 법을 알고 싶어 한다. 검은 분
리형 소파 옆에 벼룩시장에서 찾은 샹들리에와 거울을 배치하는 것처럼
빈티지와 모던을 조화시키는 것도 취향의 중간 지점을 찾는 데 매우 좋은
방법이다.

제임스 시워드 James Seward

우리는 화가 제임스 시워드에게 칠판 그림 그리는 법에 대해 물었다.

Q: 칠판 그림은 어떻게 그리나요?

A: 몇 가지 방법이 있습니다. 우선 칠판에 직접 손으로 그리는 방법이 있는데, 그러려면 상당히 뛰어난 미술 솜씨가 필요하죠. 다른 방법은 밑그림을 전사轉寫하는 것입니다. 이 방법을 쓰면 시간이 절약되고 정확히 그릴 수 있으며 그림에 자신이 없는 사람도 쉽게 그릴 수 있죠. 전사하는 방법은 아래와 같습니다.

1. 전사하고 싶은 그림을 고릅니다. 필요하다면 원하는 크기에 맞춰 확대 복사합니다.
2. 그림 뒷면을 분필로 칠합니다.
3. 그림이 움직이지 않도록 원하는 위치에 테이프로 붙입니다.
4. 스타일러스 펜이나 다른 단단하지만 뭉툭한 도구(찻숟가락 손잡이 등)으로 그림을 따라 그려 뒷면의 분필이 칠판에 묻어나게 합니다.

끈기 있게 꼼꼼히 그려야 한다는 점을 기억하고, 상상의 나래를 펼치며 즐겁게 그려 보세요.

Q: 폴리우레탄 광택제 등을 발라 그림을 보호해 주어야 하나요?

A: 개인적으로는 분필 그림 위에 다른 것을 덧바르지 않습니다. 정착제를 쓰면 분필의 색소가 다소 열어지는 경향이 있거든요. 꼭 쓰고 싶다면 매끈하고 고르게 칠하도록 주의하세요. 크리스털 클리어Crystal Clear와 크릴론Krylon 스프레이 정착제를 추천해 드립니다. 정착제를 도포할 때는 반드시 충분히 환기를 시키세요. 실내에서는 냄새 때문에 현기증이 날 수 있습니다.

Q: 칠판에 쓴 글씨처럼 그림을 쉽게 지울 수 있나요?

A: 네, 쉽게 지워집니다. 하지만 그림을 그리고 시간이 지나면 칠판과 분필 사이에 약한 결합이 생기기 때문에 오래된 그림이라면 지우는 데 약간 애를 먹을 수도 있죠.

Q: 어떤 종류의 분필을 사용하시나요?

A: 일반 분필을 써도 전혀 문제없지만, 더 선명한 색상을 원한다면 하드 파스텔을 쓰는 편이 좋습니다. 색깔도 다양하고 일반 분필보다 색 농도가 훨씬 짙거든요. 하지만 가격대가 조금 높죠. 렘브란트Rembrandt 제품이 가장 좋고, 그 외에도 품질과 가격대가 다양한 제품이 나와 있습니다.

직접 하는 방법

와인꽂이 거는 방법

와인꽂이처럼 무거운 물건(특히 와인을 가득 꽂은 경우)을 벽에 걸 때는 무게를 버티지 못하고 떨어져 나오는 일이 없도록 벽을 강화하는 등 매우 주의를 기울여야 한다. 벽이 목조라면 무거운 물건도 잘 지탱하므로 큰 문제가 없다. 하지만 철골이라면 무게를 지탱할 수 있는 버팀대를 추가할 필요가 있다. 최근 지어진 건물들은 소방법에 따라 대개 철골 구조로 되어 있다. 걸었을 때 살짝 기울어져 병을 꽂기 쉬워진다.

버팀대 추가하기

석고보드에 구멍을 뚫고 단면 2x4인치짜리 목재(혹은 그와 비슷하게 두꺼운 목재)를 골조(목조일 때) 또는 외벽 안쪽(철골일 때)에 고정한다. 추가한 목재가 무게를 지탱해 벽이 뜯겨 나오는 사태를 막아 준다.

와인꽂이 손보기

와인꽂이 뒷면 꼭대기 근처에 작은 나뭇조각을 덧댄다. 덧댄 나무 덕분에 와인꽂이를 벽에 걸었을 때 살짝 기울어져 병을 꽂기 쉬워진다.

자신이 없을 때

벽이 무게를 지탱해 줄지 확신할 수 없을 때는 전문가에게 설치를 맡기자. 병이 가득 꽂힌 와인꽂이처럼 무거운 물건을 잘못 걸면 벽이 망가지거나 사람이 다칠 수도 있다.

Home

비용 분석

항목	금액
공사비	$5,965.30
페인트와 자재	$185.05
벽지	$319.00
깔개	GIFT
조명	$928.31
가구	$5,902.54
침구	$217.72
화가 사례비	$200.00
미술 작품	$1,405.39
장식품	$184.95
계	$15,308.26

루비 RUBY
수잔 SUZANNE
PETER LAVERY CIRCUS WORK
ROBERT
THESAURUS
ROCK SEEN BOB GRUEN
U S A
MARK KOSTABI
DALI

독서광의
은신처
READER'S REFUGE

우리는 가수이자 작사 · 작곡가인 수잔 베가Suzanne Vega가 1990년대 중반 맨해튼 첼시 지역에 임대한 타운하우스 개조 작업을 맡으면서부터 그녀와 가까운 친구가 되었다. 이 프로젝트는 우리가 맡은 첫 작업이었고 건축업자이자 디자이너로서 우리 경력의 출발점이었다.

작업을 마친 후 우리는 아파트 1층으로 이사했고, 수잔과 그녀의 딸 루비Ruby는 2층에 살았다. 이는 이미 오래전 일이며, 수잔은 수년 전 2차대전 이전에 지어진 맨해튼 어퍼 이스트 사이드의 매력적인 공동주택으로 이사해서 지금까지 살고 있다.

이 아파트는 골조가 훌륭했고 곳곳에 섬세한 세공이 있었으며 공용 영역이 개방적인 구조였다. 수잔은 우리에게 거실과 음악실 겸 서재를 새로 디자인하고 정리하는 것을 도와 달라고 부탁했다.

Living Room
Television Room
Dining Room
Kitchen
Entryway

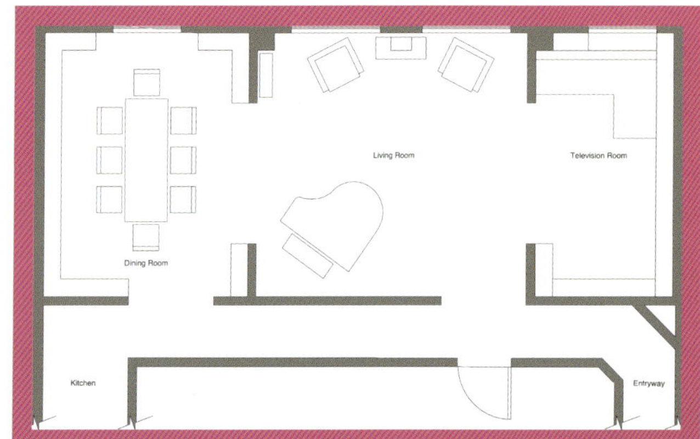

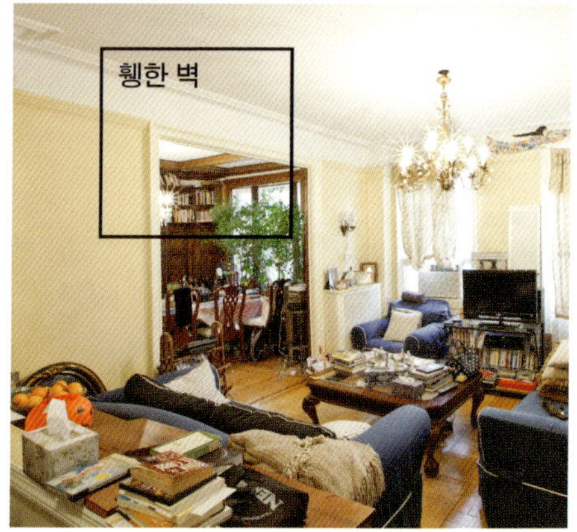

휑한 벽

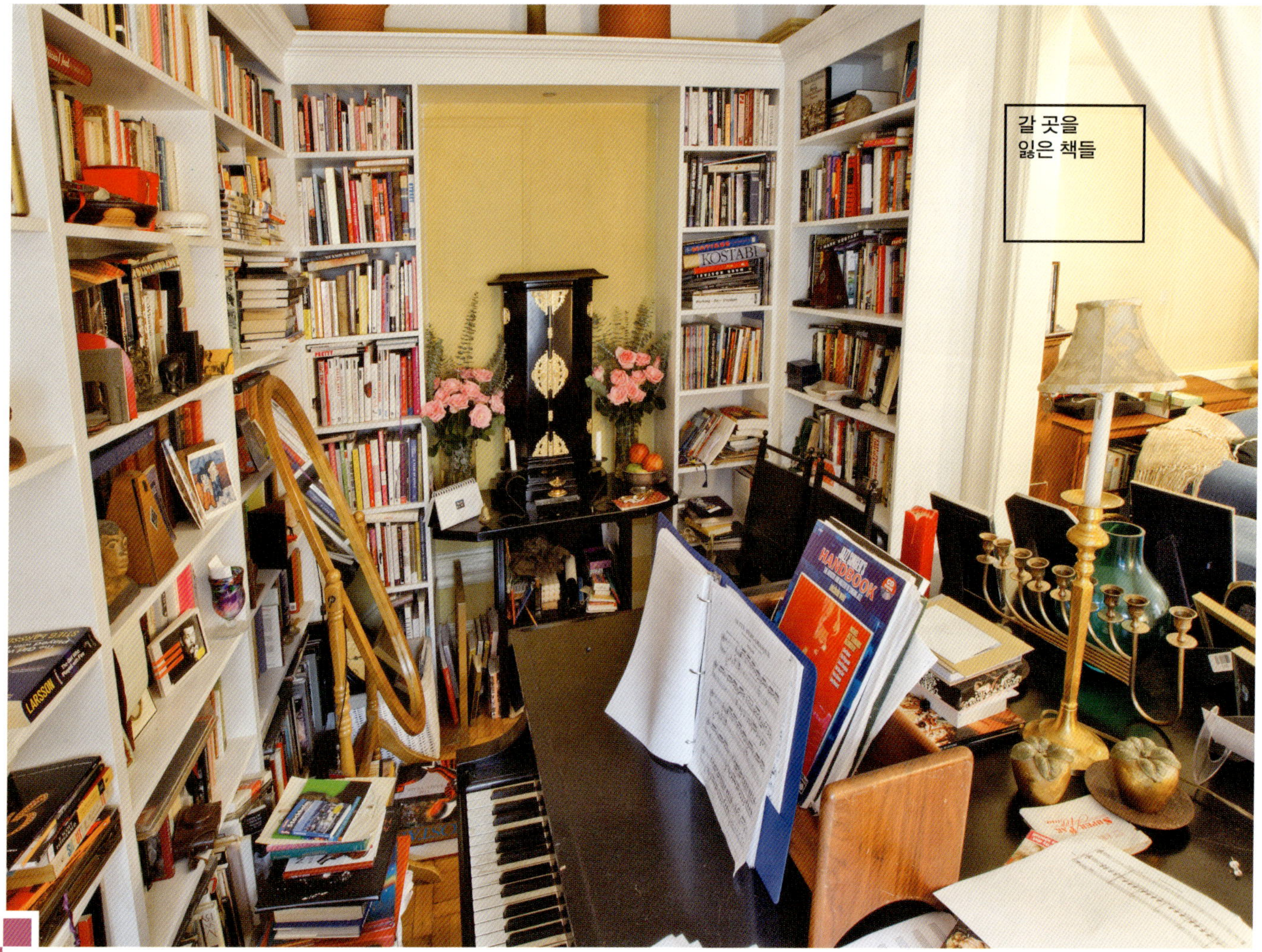

갈 곳을
잃은 책들

일단 정리하고 나니 책들이 훨씬 보기 좋다.
잘 고른 장식품 몇 가지로 책꽂이에 흥미로운 요소를 더했다.

서재 다시 정돈하기

수잔은 책이 정말 많았다. 책꽂이에서 넘쳐나다 못해 탁자나 협탁은 물론
평평한 곳에는 어디에든 책이 쌓여 있었다. 수잔은 책을 친구라고 부를
정도로 소중히 여겼기에 우리는 책을 조심해서 다루고 전부 자리를 찾아
주어야 했다. 일단 우리는 책을 전부 빼내고 장식품도 전부 치웠다. 그런
다음 책을 크기와 장르별로 분류해 다시 꽂았다. 공간이 부족해 꽂지 못
한 책은 책꽂이 위에 가지런히 쌓았다

‘우리는 목수에게 부탁해
L자형 소파를 맞춤 제작했다.’

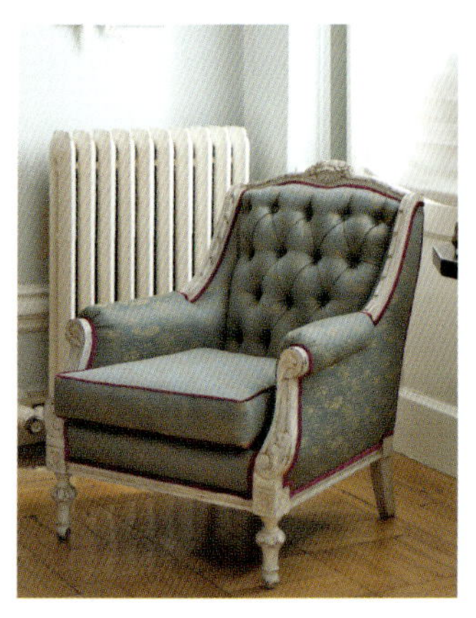

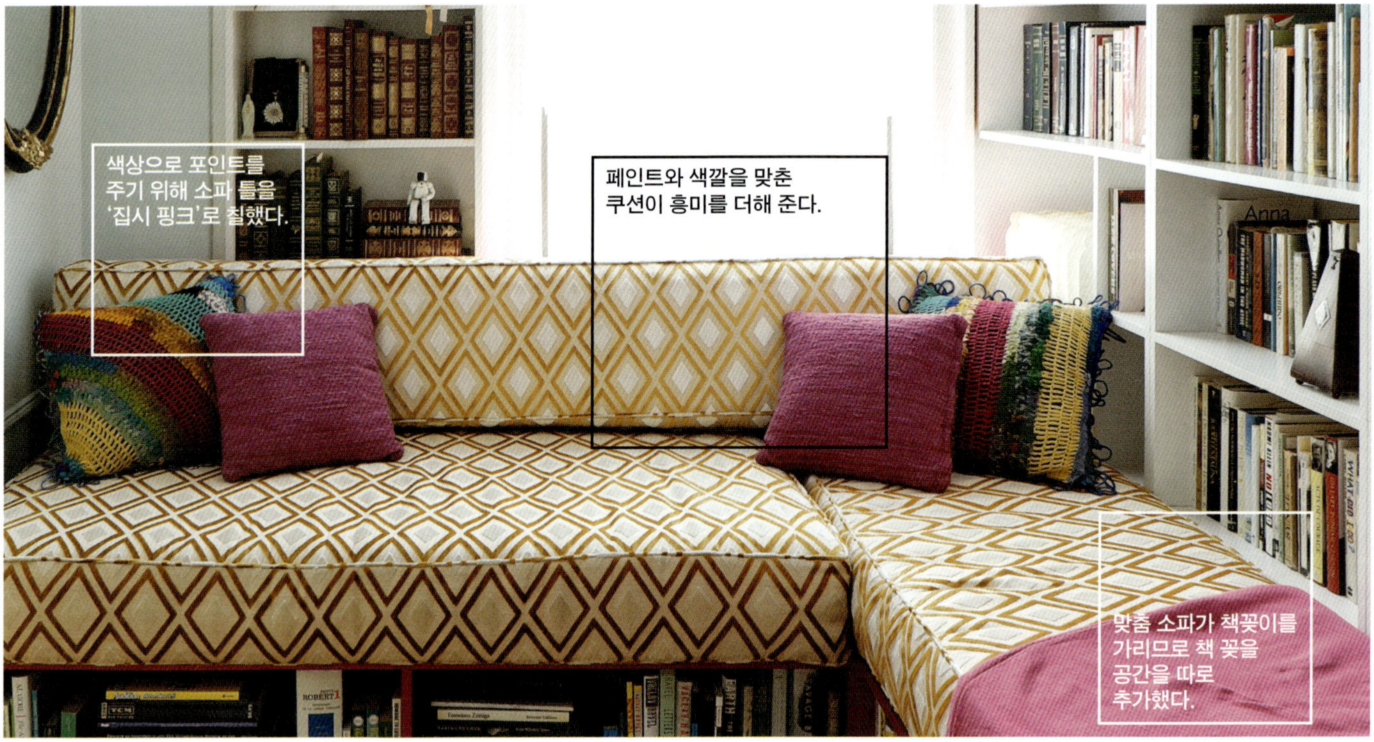

2단계

맞춤 가구 설계하고 제작하기

우리는 서재에 놓을 소파를 골라야 했지만 좁은 공간 탓에 선택의 폭이 넓지 않았다. 크기가 맞는다는 이유만으로 소파를 골라 스타일을 희생하고 싶지 않았기에 우리는 함께 일하는 목수 톰 바요니에게 L자형 소파를 맞춤 제작해 달라고 부탁했다. 소파 쿠션에는 뉴욕의 무드 디자이너 패브릭Mood Designer Fabric에서 찾아낸 금색 다이아몬드 무늬 천을 씌웠다.

악기 제대로 배치하기

피아노를 서재에서 거실로 옮기자 서재에 공간이 확보되는 동시에 피아노도 훨씬 돋보였다. 피아노가 자리를 너무 많이 차지해 서재에는 편히 쉬거나 책을 읽을 공간이 없었다. 넓은 곳으로 옮겨진 피아노는 거실 전체의 포컬 포인트 역할을 하게 되었고, 수잔 베가의 집이라는 점을 고려하면 이는 매우 적절한 배치라고 볼 수 있다.

감미로운 선율

커다란 가구(또는 악기)는 넓은 공간에 배치해야 한다.

전문가에게 묻다
수잔 베가 Suzanne Vega

우리는 수잔 베가와 음악의 중요성에 관해 이야기를 나누었다.

Q: 매우 창조적인 집안에서 자라셨는데요. 가족에게서 어떤 영향을 받았나요?

A: 의붓아버지는 소설가였고 노래도 몇 곡 쓰신데다 기타도 치셨는데, 저는 그런 점이 참 좋았어요. 어머니는 컴퓨터 시스템 분석가셨죠. 두 분 모두 우리가 가능한 한 많은 교육을 받고 창조적으로 자랄 수 있도록 애써 주셨죠. 친아버지도 음악적 재능이 풍부한 분이셨고요.

Q: 집에 음악이 있어야 한다고 생각하는 이유는 무엇인가요?

A: 믿기 어렵겠지만 음악을 좋아하지 않는 사람도 있어요. 하지만 나는 음악을 사랑하고, 음악이야말로 언어를 사용하지 않고도 인간미를 느끼는 방법이라고 생각해요.

Q: 음악을 틀어 놓는 것도 벽에 그림을 거는 것만큼 중요한 일이라고 생각하시나요?

A: 어떻게 보면 더 개인적이라고 할 수 있죠. 벽에 그림을 거는 것은 다른 사람에게 깊은 인상을 주기 위해서지만, 음악은 대개 자기 자신을 위해서 틀거든요.

Q: 피아노가 이제 집의 중심 역할을 하게 되었는데요. 사연이 있는 피아노인가요?

A: 우리 피아노는 남편 폴의 가족에게 물려받은 것이고 수백 년은 족히 된 스타인웨이Steinway 제품이니 매우 특별하다고 할 수 있죠. 2006년 우리 부부가 결혼했을 때 시부모님이 선물로 주셨어요.

거실에 조명 달기

원래 있던 놋쇠 샹들리에는 고장 났을 뿐 아니라 문자 그대로 천장에서 떨어져 내리고 있었다. 하지만 조명 자체는 아름다웠고 수잔이 좋아하는 물건이었기에 다른 것으로 바꾸는 대신 우리는 배선을 손보고 녹색으로 분체 도장을 했다. 그러고 나니 샹들리에는 원래의 우아함은 그대로 간직하면서도 모던한 느낌이 났고, 공간 전체의 분위기도 밝아졌다.

분체 도장을 하면 가지고 있는 물건을 새것처럼 탈바꿈시킬 수 있다.

전문가에게 묻다

로렌스 카터 Lawrence carter

우리는 카터 스프레이 피니싱 Cater Spray Finishing Corp. 의 사장인 로렌스 카터에게 분체 도장에 관해 궁금한 점을 물었다.

Q: 분체 도장 전에 필요한 준비 작업에는 어떤 것이 있나요?

A: 분체 도장을 제대로 하려면 원래 칠해져 있던 페인트를 말끔히 벗겨내야 합니다. 가장 흔히 쓰는 방법은 모래 분사 방식이죠.

Q: 어떤 재질에 분체 도장이 가능한가요?

A: 강철이나 알루미늄, 청동 같은 금속 재질에만 가능합니다. 그리고 정전기를 이용해 도장하기 때문에 각 부분을 따로따로 고리에 걸 수 있어야 하죠.

Q: 원하는 색상으로 분체 도장할 수도 있나요?

A: 예, 유광에서 무광까지 거의 모든 색을 만들 수 있죠. 색상을 지정해서 작업하는 최소 비용은 7백 달러입니다.

Q: 가구를 스프레이 페인트로 칠하는 것보다 분체 도장이 더 좋은 이유는 무엇인가요?

A: 분체 도장은 교차 결합한 열경화성 중합체인 에폭시나 폴리우레탄을 사용하므로 일반 페인트보다 두 배 두껍고 훨씬 강합니다.

Q: 지금까지 분체 도장한 것 중에서 가장 희한한 물건은 무엇이었나요?

A: 길이 3미터에 깊이 1.2미터짜리 욕조였죠.

Q: 분체 도장을 완성하는 데 시간은 얼마나 걸리나요?

A: 그리 오래 걸리지 않아요. 예를 들어 램프 받침 열 개를 무광 검정으로 칠한다면 도장부터 포장까지 한 시간이면 충분하죠.

손보기 전

새 창문 장식이
에어컨을 적절히
가려 준다.

새로 속을 채우고
천갈이한 빈티지
의자

상패나 상장 등을
가족사진과 함께 걸어
자신의 업적을
마음껏 즐기자.

프로젝트 결과

이번 프로젝트의 관건은 잡동사니를 치우는 것이었고, 일단 치우고 나자 공간 전체가 완전히 달라졌다. 바닥 공간이 훨씬 넓어졌으며 수 잔의 악기와 그림, 가족사진은 드디어 제자리를 찾았다.

매슈 J. 베가 Matthew J. Vega

우리는 사진작가 매슈 베가에게 사진 잘 찍는 요령 몇 가지를 알려 달라고 부탁했다.

- **자기 카메라와 렌즈에 관한 지식**: 자기 장비의 장점과 한계를 잘 알고 있으면 짧은 순간에 중요한 결정을 내릴 수 있습니다. 카메라와 렌즈에 어떤 장점이 있는지 알아보는 데 가장 좋은 방법은 다양한 상황에서 사진을 많이 찍어 보는 것이죠.

- **조명**: 사진은 빛과 그 빛이 세상을 시각적으로 보여 주는 방식이 전부라고 할 수 있습니다. 빛의 강도와 색깔, 방향도 신경 써야 하지만, 빛이 어떤 식으로 피사체를 보여 주는지에 주의를 기울이는 것이 가장 중요하죠.

- **타이밍**: 사진을 찍을 때는 빠른 대처가 필요합니다. 주변 환경을 면밀히 살피고 어떤 일이 일어날지 예측하세요. 시야를 넓게 두고 사물이 어떤 식으로 연관되어 움직이는지 살펴보세요. 그리고 늘 카메라를 준비해 두세요.

- **피사체**: 피사체를 최대한 존중 어린 태도로 대하고 평범함을 뛰어넘는 각도를 찾으려고 노력하세요. 여러분이 찍는 모든 사진은 상징적 이미지를 창조할 기회입니다.

- **운**: 사진에는 어느 정도 잘 된 것이라는 믿음이 필요합니다. 기술적으로 요구되는 모든 노력을 기울인다 해도 정확한 결과를 예측하기란 쉽지 않습니다. 때로는 운도 필요한 법이죠.

사진 – 매슈 베가

지켜야 할 규칙

잡동사니 정리하기

- 공간에 아름다움을 더하는 물건인가? 아니라면 없앤다.

- 특별한 의미가 있는 물건인가? 아니라면 없앤다.

- 실제로 사용하는 물건인가? 아니라면 없앤다.

- 철마다 대청소를 하자. 3~4개월마다 집안을 완전히 뒤집어 정리하자.

- 물건을 잘 버리지 못하는 사람이라면 친구를 부르거나 전문가의 도움을 받아 버릴 물건을 골라내자.

- 크레이그리스트Craigslist, 미국의 온라인 벼룩시장에서는 무엇이든 팔 수 있다. (가격을 매길 때 욕심을 부리지만 말자.)

- 절대로 버리고 싶지는 않지만 공간에 어울리지 않는 물건은 창고에 넣어 두자.

비용 분석

	공사비	$3,200.00
	페인트와 벽지	$302.05
	창문 장식	$606.00
	조명	$780.00
	가구	$5,170.00
	원단 및 천갈이	$3,354.00
	피아노 조율	$105.00
	그림	$1,632.00
	장식품	$860.93
	꽃	$90.31
	계	$16,100.29

메이저
브레이커
파이브
홀레더

나무 위의 집
TREE HOUSE

오래전 아이가 넷이던 무렵 우리 부부는 브라질 트랑코주Trancoso에 별장을 샀다. 그 이후로 우리는 그곳에서 수없이 휴가를 즐겼다. 이 별장은 우리 가족이 가장 좋아하는 휴가지인 동시에 투자 부동산 역할도 하는 곳이다. 우리는 거의 1년 내내 별장을 빌려 주고 그 돈으로 대출금을 갚고 관리비를 댄다.

별장을 산 이후로 우리 가족도 트랑코주도 상당히 규모가 커졌다. 그곳에서 휴가를 보내는 사람이 많아졌고, 해마다 임대 가능한 호화 별장이 새로 생기고 있다. 우리는 적어도 1년에 두 번 이곳을 방문해 맨해튼에서의 정신없는 삶을 잠시 잊고 느긋한 시간을 보낸다.

우리가 가장 최근에 한 작업은 열한 살짜리 아들 브레이커의 제안으로 시작되었다. 최근에 영화 〈스위스의 로빈슨 가족The Swiss Family Robinson〉을 본 브레이커는 그 영화를 본 아이들이 대부분 그렇듯 나무 위에 지은 집에 산다는 아이디어에 푹 빠졌다. 그리고 대부분의 부모가 그렇듯 우리는 아들의 말을 무시했다. 하지만 몇 주 뒤 트랑코주 시내에 있는 호텔 우주아Uxua에 식사를 하러 갔던 우리는 놀랍도록 멋지고 고급스러운 나무 위의 집을 발견했다. 브레이커는 흥분했다. 그 집을 보자마자 우리도 아들의 마음을 이해할 수 있었다.

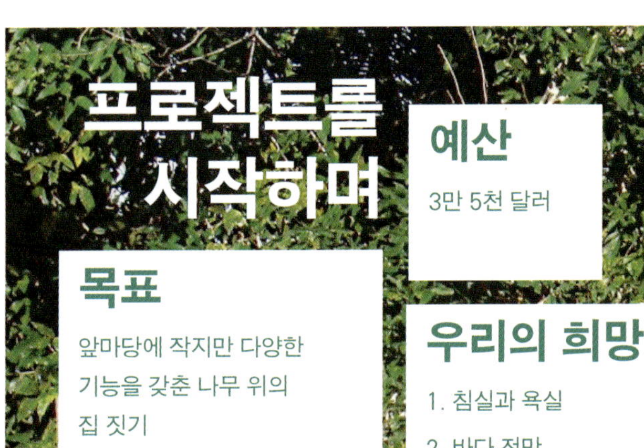

프로젝트를 시작하며

목표

앞마당에 작지만 다양한 기능을 갖춘 나무 위의 집 짓기

예산

3만 5천 달러

우리의 희망 사항

1. 침실과 욕실
2. 바다 전망
3. 브라질산 환경친화적 목재 사용
4. 〈스위스의 로빈슨 가족〉이 떠오르는 나무 위의 집 만들기

나무는 우리가 바랐던 만큼 크지는 않았다.

우리는 본채 입구 근처에 있는 땅을 부지로 정했다.

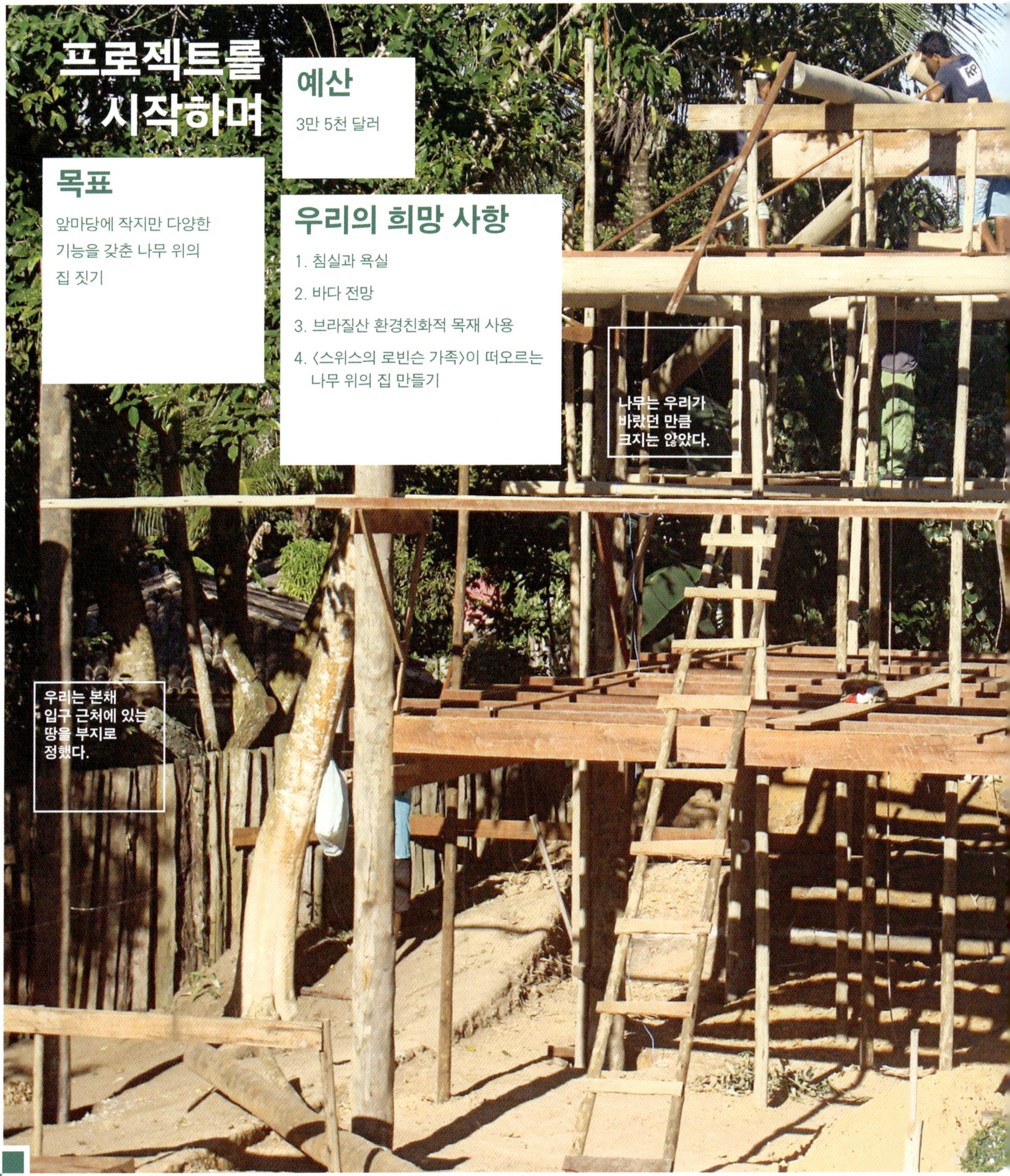

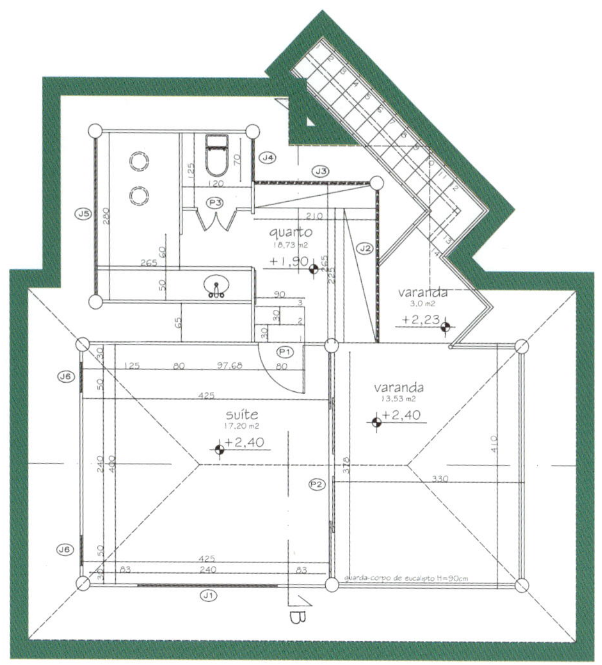

우리는 호텔을 지은 건축업자에게 연락해 우리 별장에도 비슷한 작업을 해줄 수 있는지 물었다. 나무 위의 집을 지으면 부동산 가치가 올라갈 터이니 비용을 감수하고 시도할 만하다고 생각해 내린 결정이었다. 트랑코주가 휴가지로 주목받으면서 우리 집은 다른 별장과 경쟁해야 하는 위치에 놓였기 때문이다.

우리는 나무 위의 집을 지을 장소로 큰 나무가 있고 비교적 한적한 마당 입구 근처 대지를 골랐다.

충분히 큰 나무를 찾아내는 것 외에 가장 어려운 작업은 집의 규모를 정하는 일이었다. 우리는 나무를 중심으로 37제곱미터(약 11평) 정도의 땅에 바다가 환히 보이는 침실과 욕실, 큼직한 베란다를 만들기로 했다. 일단 부지와 나무를 정하고 나서 공사가 시작되었다. 브라질에서는 세계에서 가장 아름다운 천연 목재가 생산되지만, 운반비 탓에 가격이 비싸져

침실 만들기

우리는 집 전체와 어울리도록 브라질산 나무를 이용해 침대를 만들어 달라고 부탁했다. 침대 위에는 모기장을 칠 수 있도록 철사로 가는 나무 막대를 매달았다. 트랑코주 같은 기후에서는 항상 창문과 문을 꼭 닫고 지낼 생각이 아니라면 모기장은 필수다. 사실 우리는 모기장이 마음에 들었고, 아이들도 '작은 텐트'에서 잔다며 좋아했다. 침구는 주변 공간을 압도하지 않는 연한 노란색으로 골랐다. 트랑코주처럼 날씨가 더운 곳에서는 색이 연하고 얇은 침구가 시원한 느낌을 준다. 침대 옆 협탁도 지역에서 생산된 물건이며, 그 위에 놓은 스탠드는 작은 나무 등걸로 만들었다. 침대 옆 벽에 설치한 좁고 긴 선반은 오래된 배의 키로 만든 것이다. 또 우리는 지나치게 새 물건 티가 나서 어색하거나 어울리지 않아 보이는 일이 없도록 TV에 나무로 만든 틀을 씌웠다.

예술가 앤 캐링턴Ann Carrington 작품인 이 브라질 국기는 훌륭한 색상 포인트 역할을 한다.

전문가에게 묻다

안드레 라타리 Andre Lattari

건축업자 안드레 라타리는 함께 일하는 장인, 목수, 공예가들과 함께 나무 위에 집을 지었다. 우리 부부는 봄방학 동안 트랑코주를 방문해 설계를 확정했고, 안드레와 작업팀은 우리가 8월에 다시 방문할 때에 맞춰 작업을 끝냈다. 우리는 안드레에게 건축에 사용한 목재와 집을 지은 실제 과정에 관해 이야기해 달라고 부탁했다.

"집의 뼈대에는 브라질 바이아 주 남부의 재식림 사업을 통해 생산된 유칼립투스 나무를 사용했습니다. 벽과 창틀에는 브라질 북부에서 생산된 타타주바tatajuba를, 지붕에는 역시 북부에서 나는 파라주paraju 목재를 썼고요. 브라질산 환경친화적 목재를 쓰기 위해 우리는 정부의 환경 관련 기관에서 허가와 승인을 받았죠."

"나무 위의 집 만들기는 상당히 즐거웠습니다. 집의 소박한 매력을 끌어내는 장인 정신이 필요한 건축 방식을 사용했기에 흥미로우면서도 어렵고 섬세한 작업이었어요. 운 좋게도 우리에게는 진짜 장인이라 할 만한 고도로 숙련된 목수들로 구성된 환상적인 팀이 있었죠. 처음 건축 스케치를 시작하고부터 집이 완성되어 베란다에서 샴페인을 마시기까지 다섯 달이 걸렸습니다."

나무 위의 집

욕실 만들기

욕실은 이 집에서 유일하게 바다가 보이지 않는 장소였으므로 우리는 더욱 특별한 느낌을 낼 수 있도록 신경을 썼다.

샤워 공간에는 강에서 채취한 자갈을 사용했다. 샤워기 꼭지는 욕실 벽과 마찬가지로 유칼립투스 나무로 만들었다. 수도꼭지는 남는 동 파이프를 이용해 만든 물건이다. 예술적인 맛을 살려 시멘트를 써서 마감했으므로 나무를 기본으로 갈색 도는 베이지가 섞여 자연스러운 조화를 이룬다.

우리는 가능한 한 단순하고 간소한 느낌을 원했다. 세면대는 저렴한 농장식 탁자 위에 간단히 흰색 세면기를 얹어 만들고, 탁자에 구멍을 뚫어 배관을 연결했다. 변기와 세면대, 탈의실 위에 단 조명 갓은 지역에서 생산된 바구니를 활용한 제품이다. 그 외에는 세면대 아래 수건을 놓을 바구니를 놓고 위에는 단순한 나무 테두리 거울을 거는 등 꼭 필요한 물건만 추가했다.

조명 갓은
고리버들 바구니로
만든 물건이다.

단순하면서도
세련된 멋

소박한 탁자가
세면대로
변신했다.

전문가에게 묻다

브레이커 노보그래츠 Breaker Novogratz

우리는 아들 브레이커에게 나무 위의 집에 대해 어떻게 생각하는지 물었다.

Q: 여태까지 본 것 중에서 가장 멋진 나무 위의 집은 어떤 집이니?
A: 〈스위스의 로빈슨 가족〉에 나오는 집이요.

Q: 아이들은 왜 나무 위의 집을 좋아할까?
A: 집이 작아서 재미있고 엄마 아빠의 간섭 없이 놀 수 있으니까요.

Q: 나무 위의 집에서는 무엇을 하니?
A: 밤새 영화도 보고 맛있는 것도 먹고 잠도 자요.

Q: 네가 나무 위의 집을 짓는다면 어떤 것을 바꾸고 싶니?
A: 수영장으로 한 번에 타고 내려가는 밧줄을 설치할 거예요.

Q: 브라질에서 가장 마음에 드는 점은 무엇이니?
A: 해변에서 먹는 치즈 스틱이요.

Q: 집이랑 나무 위의 집 중에서 고른다면?
A: 당연히 나무 위의 집이죠. 훨씬 멋지잖아요.

3단계

베란다 만들기

열대 기후에서 실외 공간은 실내만큼, 혹은 실내보다 더 중요하다. 그래서 우리는 바깥에 있지만 비가 들이치지 않을 만큼 가려져 거실 역할을 하는 공간을 만들기로 했다. 베란다에서 내다보이는 바다 전망은 기가 막히기에 되도록 탁 트인 구조를 유지하는 것은 당연한 일이었다. 우리는 저녁에 친구들과 느긋하게 와인을 마시기도 좋고 비 오는 날 아이들과 보드게임을 즐기기에도 알맞도록 단순하면서도 아늑한 공간을 만들었다.

단순하고 각진 모양의 흰색 소파에는 선명한 색상의 쿠션과 담요로 포인트를 주었다. 탁자와 스탠드, 바구니는 모두 브라질에서 만들어진 물건이다. 단순한 흰색 미니 냉장고는 주변과 어울리도록 나무로 짠 틀 안에 넣었다.

비오는 날과 맑은 날에도 활용할 수 있는 공간이다.

미니 냉장고 덕분에 아이들은 음료수를 마시러 본채까지 달려오지 않아도 된다.

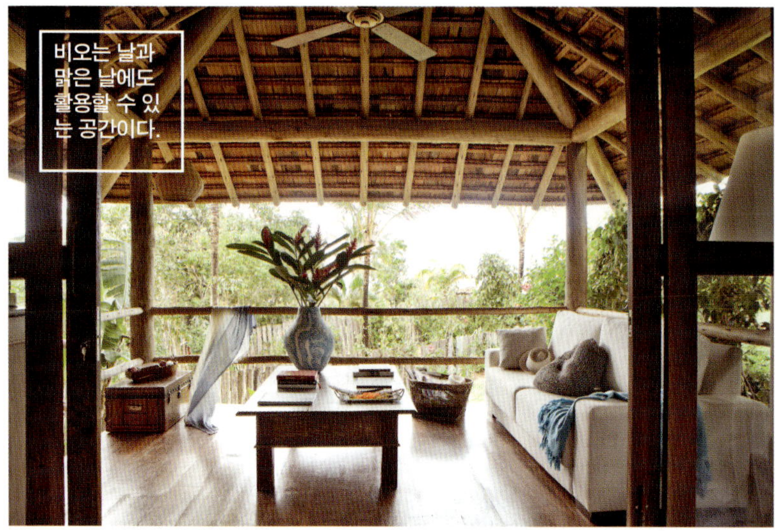

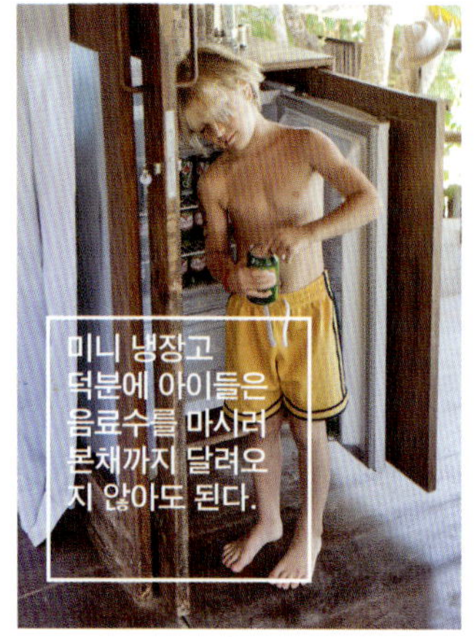

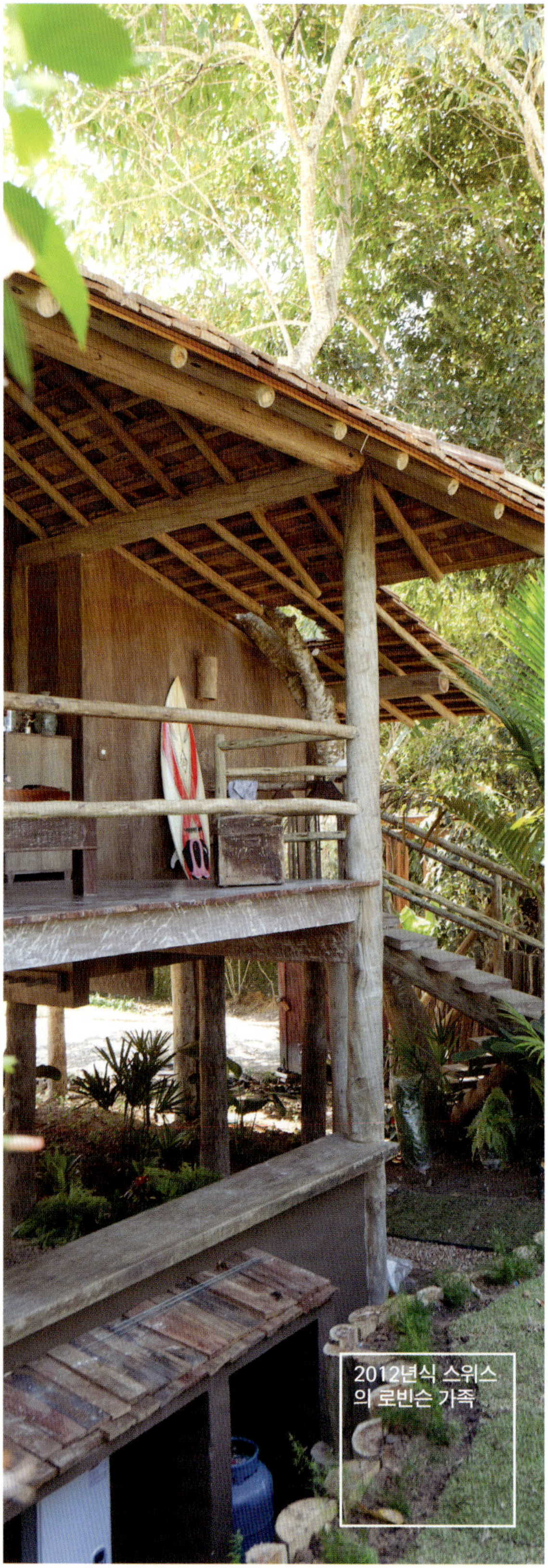
2012년식 스위스의 로빈슨 가족

4단계

집 아래에 휴식 공간 만들기

땅에서 상당히 높이 올려 집을 지은 덕분에 우리는 집 아래에 아늑한 휴식 공간을 만들 수 있었다. 아이들이 놀기 좋고 우리 부부도 좋아하는 재미있는 공간이다. 그네 의자와 흰색 쿠션이 딸린 고리버들 의자 두 개, 탁자만 놓아 최대한 간소하게 꾸몄다. 잠시 강한 햇빛과 일곱 명의 아이들에게서 벗어나 책을 읽으며 쉬기에 딱 알맞은 곳이다.

프로젝트 결과

우리는 브라질산 천연 목재를 써서 집을 지었고 근처 정글에서 찾아볼 수 없는 소재는 최대한 피하려고 최선을 다했다. 자연보다 더 좋은 것은 없는 법이다. 물론 수도나 TV 같은 몇몇 문명의 이기는 예외다.

이것이야말로
야외를 실내로
끌어들인 좋은
예이다.

요령과 비법

최대한 단순하게

본채로 쓸 생각이 아니라면 사소한 것에 너무 신경 쓰지 말자.

적을수록 좋다

사랑채나 나무 위의 집에 잡동사니는 필요 없다.

집 자체가 예술 작품처럼 빛나게 하자

그저 밝은 색상으로 포인트를 주는 정도면 충분하다.

즐거움을 위한 집에 지나치게 돈을 들이지 말자

즐거움을 주어야 할 집이 지나치게 호화로워 조심히 다뤄야 한다면 의미가 없다.

손님이 올 때를 위해 아끼지 말자

직접 사용하면 안 될 이유가 없다.

비용 분석

	공사비	$21,632.00
	바닥재와 카펫	$778.00
	창문 장식	$190.00
	조명	$1,170.00
	지붕용 철판	$103.00
	구리 수전	$665.00
	가구	$7,933.00
	매트리스와 침구	$1,952.00
	그네 의자	$130.00
	장식품	$383.00
	모기장	$90.00
	계	$35,026.00

천장이 높고
벽이 흰색인 곳에는
큰 액자가 어울린다.

자연을 담은 집
CITY RESERVE

셰인 콘래드Shane Conrad와 라이언 맥코맥Ryan McCormack은 둘 다 뉴욕의 벨뷰 병원에서 의사로 일하고 있다. 이들은 윌리엄스버그에 있는 3층짜리 신축 타운 하우스로 이사한 지 얼마 안 되어 우리에게 인테리어를 의뢰해 왔다. 그들이 이사한 집은 현대적이고 구조가 깔끔하며 창문이 크고 채광이 매우 좋았다.

하지만 법정신의학과에서 일하는 셰인과 응급의료 전문의인 라이언은 정신없이 바쁜 스케줄 탓에 무언가를 할 엄두조차 내지 못했다. 디자인을 생각해 집을 꾸미거나 어울리는 물건을 보러 다닐 시간조차 없었다.

일단 이사한 후 셰인과 라이언은 대학 졸업 후 여기저기서 사들인 의자와 소파, 전에 살던 집에서 가져온 잡다한 물건, 임시방편으로 산 가구, 여행 기념품 등으로 집을 가득 채워놓았다. 그렇지만 물건들은 서로 분위기가 맞지 않았고, 가구는 대부분 공간에 비해 너무 컸다. 그리고 새집의 깔끔하고 모던한 인테리어와 서로 어울리지 않았다.

프로젝트를 시작하며

목표

색상을 적당히 활용해
탁 트이고 깔끔하며
현대적인 공간 만들기

예산

3만 5천 달러

고객 요청사항

1. 주방에 꼭 필요한 수납공간
2. 푹신하고 편안한 소파
3. 장식품과 가구로 색감 더하기
4. 시선을 사로잡는 조명 기구
5. 공간에 어울리는 미술품

'가구는 대부분 공간에 비해 너무 컸다.'

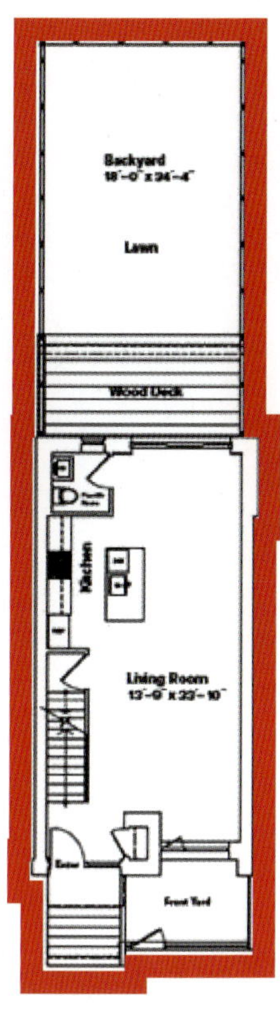

셰인과 라이언은 우리에게 1층을 집의 스타일과 어울리는 가구를 갖춘 공간으로 바꾸어 달라고 부탁했다. 두 사람 모두 색깔 사용을 약간 주저하면서 과하지 않은 선에서 색상을 활용할 수 있기를 바랐다. 또 그들은 자연을 사랑했으므로 디자인에 자연적 요소가 가미되기를 원했다.

이 공간에는
노보그래츠의
손길이 절실히
필요했다.

거실 디자인하기

원래 거실에서는 거대한 포수 글러브처럼 보이는 분리형 갈색 가죽 소파가 공간을 온통 차지하고 있었다. 또 짝을 이루는 탁자와 협탁은 지루하기 그지없었다. 이 가구들은 꼭 바꿀 필요가 있었다.

짙은 남색 소파는 CB2 제품이며, 우리는 다양한 색조의 파란색으로 쿠션을 만들어 생동감을 더했다. 밀로 보먼Milo Baughman 작품인 클럽 체어(낮은 안락의자)는 천갈이를 통해 세상에 하나뿐인 물건으로 변신했고, 투명한 플렉시글라스 탁자는 앉는 공간을 하나로 묶어 주는 동시에 스틸컴퍼니Still Company에서 찾은 재염색 빈티지 깔개가 눈에 띄게 해 주었다.

주방 조리대 위의 조명은 공간에 비해 너무 컸다. 그래서 조명이 부각될 수 있도록 흰색 도자기 재질 펜던트 조명을 새로 달았다.

전문가에게 묻다

마이클 스트라우트 Michael Strout

우리는 공예가 마이클 스트라우트에게 양탄자 염색에 관해 자세히 설명해 달라고 부탁했다.

Q: 염색할 양탄자는 어디서 구하시나요?

A: 주로 정식 골동품 전시회나 경매장에서 들여오고, 가끔은 브루클린의 좌판이나 뉴잉글랜드의 벼룩시장에서 숨은 보석을 건지기도 하죠.

Q: 염색할 양탄자를 찾을 때 주의해서 보는 점이 있나요?

A: 새 물건이 아니므로 항상 상태가 좋은지, 섬유가 너무 닳지는 않았는지, 짜임새는 튼튼한지 살펴봅니다.

Q: 많은 시행착오를 거쳐 염색 방식을 완성하셨나요?

A: 처음 시도한 몇 점은 생각보다 훨씬 잘 나왔어요. 하지만 시간이 지나면서 염료가 더 잘 정착되고 색상도 더 짙고 선명하게 나오도록 염색 과정을 개선할 수 있다는 사실을 알아냈죠. 때로는 기꺼이 위험을 무릅쓰고 완전히 다른 방식을 시도해 보기도 했습니다. 수없이 많은 염색과 실험을 거쳤지만, 결국에는 양탄자마다 반응이 다르고 염색 결과도 다르다는 점을 깨달았어요. 게다가 우리는 어떤 '완벽한 방법'을 찾기보다는 양탄자마다 다른 개성이 드러나는 편을 선호하기도 하고요.

벽에 걸 작품 고르기

세인과 라이언의 그림들은 너무 작고 공간의 분위기에 어울리지 않았다. 아무 그림이나 걸어 두는 것은 별로 좋은 생각이 아니다. 너무 익숙해져 결국 그대로 두기 때문이다.

커다란 새 미술품 두 점은 맨해튼에 있는 룸 125^{Room 125}에서 들여온 것이다. 이 갤러리에 전시된 사진은 모두 사진작가들이 개인적으로 소장한 골동품이나 공예품을 촬영해 극적인 크기로 확대한 작품이다.

'19세기 셔틀콕'이라는 제목의 배드민턴 공 사진은 재활용 목재로 만든 액자로 되어 더욱 강렬하다. 식탁 위 '빅토리아 시대 석류석 브로치'는 여성적이고 우아한 분위기로 인더스트리얼한 식탁과 좋은 대조를 이룬다.

전문가에게 묻다

새러 헤이스티드 ^{Sarah Hasted}

우리는 헤이스티드 크래우틀러^{Hasted Kraeutler} 갤러리의 새러 헤이스티드에게 미술 작품을 액자에 넣어 거는 방식에 대해 조언해 달라고 부탁했다.

Q: 작품을 얼마나 높이 걸어야 할까요?
A: 일단 기본 규칙은 바닥에서 150센티미터 높이에 거는 거지요. 집에 미술품을 걸 때는 그 공간에서 편안하게 느껴지는 높이에 걸어야 한다고 생각해요. 하지만 사람들은 작품을 너무 높이 거는 경향이 있죠. 굳이 고개를 들어야 할 정도로 높이 걸면 안 됩니다.

Q: 어떤 방식의 액자를 선호하시나요?
A: 특별히 더 좋아하는 방식은 없어요. 다만 액자가 작품을 압도하는 일은 없어야 하죠. 액자는 눈에 띄지 않되 세련되어야 한다고 생각해요. 일단 이런 점을 전제로 나는 강렬한 효과를 위해서라면 금색 잎사귀가 화려하게 조각된 액자를 사용하는 데도 거리낌이 없어요. 액자는 돈을 들인 만큼 값을 하는 물건입니다. 싼 액자를 쓰면 티가 나죠.

Q: 큰 미술품에 대해 어떻게 생각하시나요?
A: 내가 대리하는 작가 중에는 큰 작품을 만드는 사람이 많아요. 벽에 공간이 많다면 그만큼 강렬한 인상을 주는 커다란 작품 하나, 혹은 여러 개를 걸어야 한다고 생각해요. 정말 멋져 보이죠. 큰 작품은 항상 공간에 극적인 분위기를 더하고 대화 소재까지 제공하죠.

3단계

식사 공간 설계하기

원래 검은색 금속 의자 여섯 개가 딸린 유리 식탁이 있었다. 하지만 옛날 느낌이 났고 공간은 물론 두 사람의 취향에도 어울리지 않았다. 이들에게는 친구를 초대해 세련된 만찬 모임을 열 수 있는 공간이 필요했다. 그래서 두꺼운 널빤지로 된 상판에 인더스트리얼한 다리가 달린 큼지막한 식탁을 들이기로 했다. 식탁 옆면에 놓은 의자 여섯 개(CB2 제품)는 저렴하고 양 끝에 놓은 의자(O&G 스튜디오 제품)는 조금 더 가격대가 있다. 자연을 좋아하는 셰인과 라이언을 위해 식탁 위에는 테라리엄을 장식했다.

식탁 뒤 붉은색 사물함은 브루클린의 리팝Re*Pop에서 찾은 물건이다. 공간에 개성을 부여하는 동시에 독특한 수납장 역할을 한다. 이베이에서 구입한 보이 스카우트 패치를 액자에 넣어 올려놓았다. 역사를 지닌 물건은 매력이 있다.

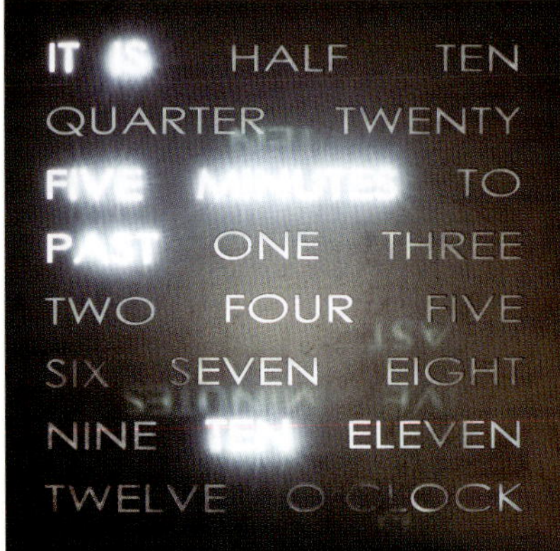

주방 분위기 살리기

주방 가구는 새것이었으므로 생동감을 부여하는 디자인 요소 몇 가지만
추가했다. 녹색 커피잔, 커피콩을 가득 채운 병, 옆면이 녹색인 스테인리
스 커피메이커는 모두 작은 물건이지만 조리대 위에 색감을 더하는 방법
으로는 매우 효과적이다.

이 선명한 파란색
스툴은 눈이 즐거울
뿐 아니라 편안하다.

프로젝트 결과

이 집의 실내장식은 마침내 집 전체의 현대적 분위기와 어우러지게 되었
다. 흰색으로 다시 칠한 벽은 인상적인 새 가구와 멋진 새 미술품이 빛나
게 해 주는 완벽한 배경 역할을 한다.

멋진 조명
실내에 진짜
나무를 놓는
것보다 더 좋은
장식은 없다.

요령과 비법

액자에 넣기 좋은 수집품

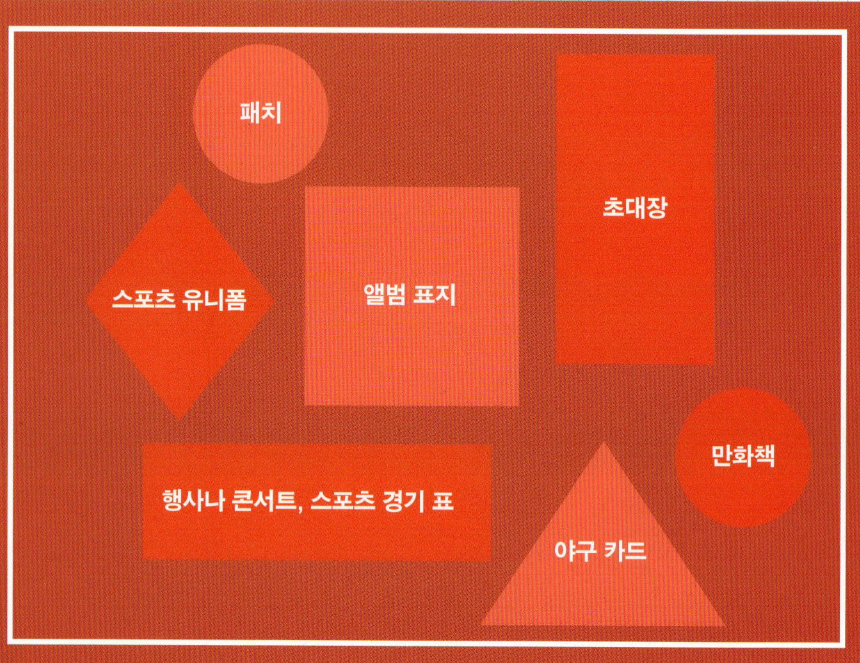

비용 분석

  공사비	$2,534.28
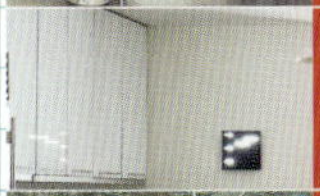 페인트	$87.07
 재염색 깔개	$1,360.94
 창문 장식	$3,810.00
 조명	$1,668.09
 가구	$8,936.57
 빈티지 사물함	$1,088.75
 원단 및 천갈이	$2,832.12
 미술품	$4,886.96
 장식품	$1,879.58
 책	$1,254.53
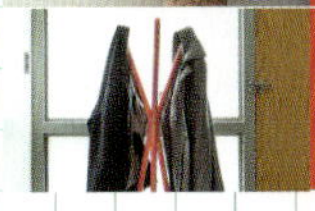 기타	$249.83
계	$30,588.72

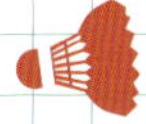

우프

서퍼의 집
SURF SHACK

데보라Deborah와 캐서린 첸Katherine Chen 자매는 맨해튼에 살며 일하지만, 퀸즈의 파 로커웨이에 별장이 있다. 파 로커웨이에는 유대가 긴밀한 소규모 서핑 공동체가 있고, 서핑을 즐기는 이 자매는 금세 이 곳에 애착을 느끼고 좋아하게 되었다. 맨해튼의 집이 바쁜 도시 생활을 유지할 수 있도록 해 주는 곳 이라면 퀸즈에 있는 집은 정신없는 도시의 삶에서 잠시 벗어나게 해 주는 곳이었다. 그래서 이들은 언 젠가 퀸즈로 이사할 날을 꿈꾸고 있다.

첸 자매는 침실 세 개짜리 이층집을 구입한 지 얼마 안 되어 우리에게 연락해 왔다. 이전 주인이 융자를 갚지 못했고 집의 상태도 그리 좋지 않았기에 첸 자매는 헐값에 집을 사들일 수 있었다. 헐값인 대신 대대적인 개조와 인테리어가 필요했다. 계단은 허물어져 삐걱거렸고, 마루는 군데군데 이가 빠진 데다 주방 수납장은 경첩이 망가져 문이 떨어졌고, 가전제품도 전혀 갖춰져 있지 않았다.

데보라와 캐서린은 낡고 구식인 집을 여자다우면서도 자유롭고 세련된 해변 분위기가 나도록 바꾸어 달라고 부탁했다. 두 사람은 젊고 모험심이 넘쳤으며 무엇이든 받아들일 준비가 되어 있었으므로 우 리는 즐거운 마음으로 작업에 임할 수 있었다.

프로젝트를 시작하며

예산
4만 달러

목표
낡고 망가진 집을 색감이 풍부
하고 화사한 서퍼 오두막으로
변신시키기

고객 요청사항
1. 계단 수리하기
2. 완전히 새로운 주방
3. 사생활을 지켜줄 창문 장식
4. 보기 좋은 조명
5. 화사한 색상(특히 핑크)

벽은 칙칙한 갈색과
노란색으로 칠해져
있었다.

SOS(우리
계단 좀 구해
주세요!)

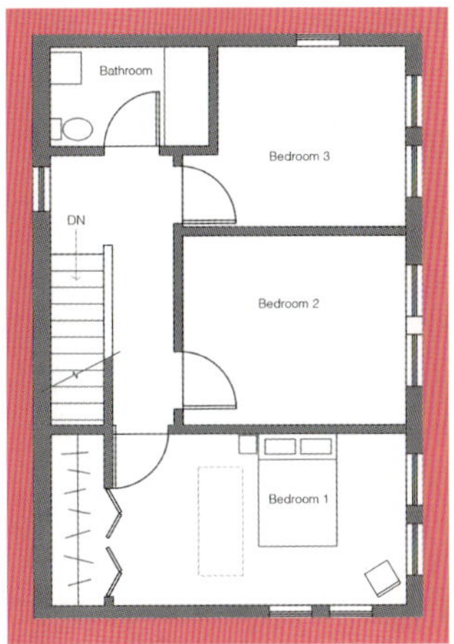

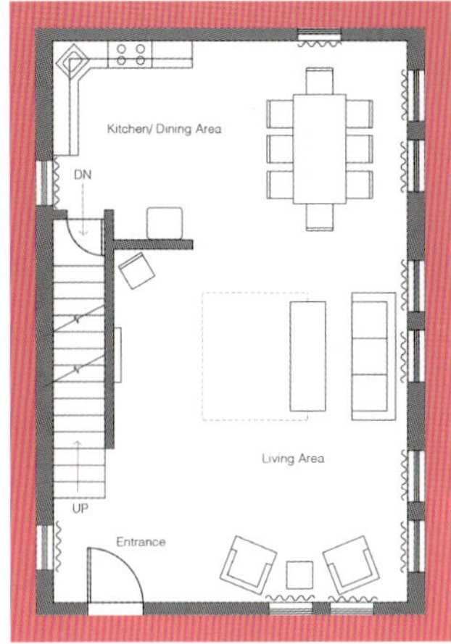

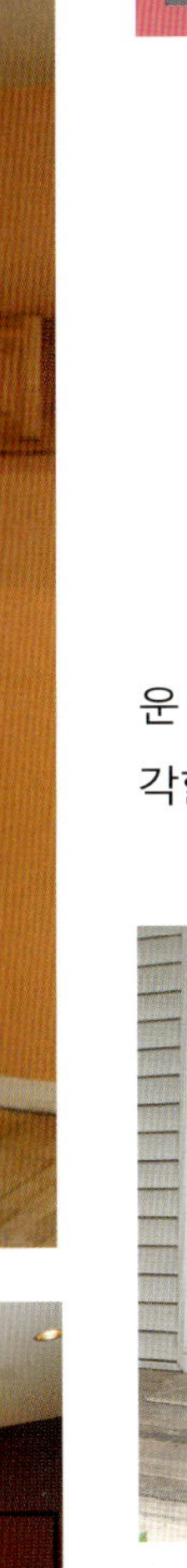

우리는 첸 자매의 활달한 성격에 걸맞도록 생기 넘치고 흥미로운 집을 만드는 것을 목표로 삼았다. 이 집에 필요한 작업의 양을 생각할 때 가장 까다로운 점은 예산에 맞추는 일이었다.

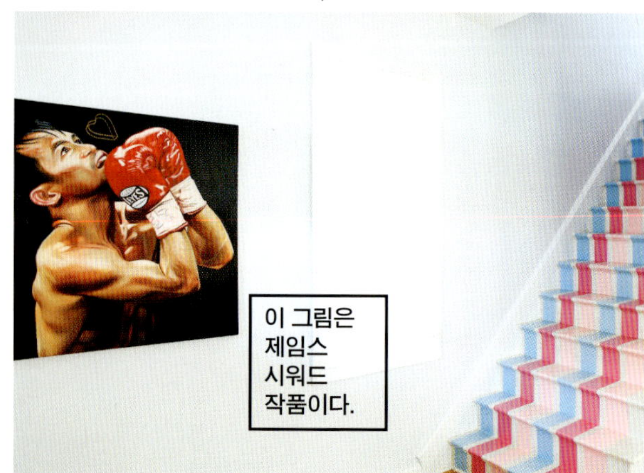

계단 다시 살리기

집에 들어오자마자 가장 먼저 눈에 들어오는 것이 계단이었으므로 어둡고 삐걱대는 이 계단을 대담하고 파격적이며 기억에 남는 곳으로 바꾸어 줄 필요가 있었다. 계단이 망가져 가고 있었기에 우리는 수직판을 새것으로 바꾸고 전체 구조를 튼튼하게 보강했다. 일단 구조 복원이 끝난 다음에는 재미있는 작업에 들어갔다. 우리는 미리 정한 색상 조합에서 몇 가지 색깔을 골라 계단 전체에 세로 방향으로 줄무늬를 그렸다. 이 줄무늬 계단은 전체적으로 밝고 화사하며 여성스러운 분위기를 내는 데 핵심 역할을 했다.

'하늘색 냉장고와 핑크 오븐은
복고적 매력을 풍긴다.'

주방 새로 만들기

주방은 싸구려 수납장으로 어둠침침했다. 조리대 상판도 쓸 만한 물건이 아니었기에 기존에 있던 싱크대를 몽땅 뜯어냈다. 그 자리에 흰색 수납장을 새로 들이고 흰색 지하철 타일을 붙여 깔끔하고 산뜻한 공간을 만든 다음 저렴한 회색 시저스톤 상판을 얹어 마무리했다.

1950년대식 복고풍 냉장고는 스메그Smeg 제품이며, 190가지 색상의 빈티지풍 오븐을 판매하는 블루스타Bluestar에서 구입한 핑크 오븐은 흰색 벽과 수납장에 대비되어 복고적인 매력을 풍긴다. 또한 계단과도 잘 맞아떨어진다.

거실 장식하기

거실은 칙칙한 갈색과 노란색으로 칠해져 있어 공간이 좁고 어두워 보였다. 우리는 따로 포인트를 줄 생각으로 창문이 없는 벽 하나만 남겨두고 나머지 벽 전체를 밝고 은은한 회색으로 칠했다. 남겨둔 벽에는 핑크와 은색이 섞인 금속박 벽지를 발랐다. 이 벽지는 굉장히 화려하지만 그만큼 매력적이므로 위험을 감수할 만하다.

유리 뚜껑이 달린 탁자 안에는 수집품을 넣어 두었다.

이 콜라주는 토니 카라마니코
Tony Caramanico
작품이다.

짙은 핑크와 선명한 파랑이 소파에 생동감을 준다.

'핑크와 은색이 섞인 금속박 벽지는 굉장히 화려하다.'

전문가에게 묻다

벳시 존슨 Betsy Johnson

우리는 패션 디자이너 벳시 존슨에게 왜 핑크에 집착하는지 물었다.

Q: 왜 핑크죠?
A: 나는 날 때부터 지금까지 핑크에 묻혀 살았고, 끊임없이 핑크를 생각한답니다.

Q: 대담한 색상을 좋아하시는 이유는요?
A: 내가 진정한 사자자리이기 때문이죠. 나는 화려한 색상에 둘러싸여 있어야만 행복하지요.

Q: 색깔에서 행복을 느끼시나요?
A: 당연하죠. 크레용이나 미키마우스 애니메이션처럼 밝은 색상이 좋아요. 행복하기 그지없는 색깔들이죠. 엄청나게 밝은 색상 옷을 입지 않을 때면 차라리 별 생각 없이도 세련되어 보일 수 있도록 검은색을 입어요.

Q: 싫어하는 색깔이 있다면요?
A: 베이지죠. 밋밋하고 지루하고 재미없는 베이지는 마음에 안 들어요.

Q: 패션과 인테리어는 어떤 관계가 있을까요?
A: 주변 환경이나 자기 몸이나 내겐 별 차이가 없어요. 우리가 옷을 입듯이 집에도 옷을 입히는 거죠.

식사 공간 디자인하기

식탁은 이케아에서 저렴하게 구매했으며, 금속제 의자 여섯 개는 크레이트 앤드 배럴Crate and Barrel 제품이다. 식탁 양쪽 끝에는 카르텔Kartell에서 구입한 고급 꽃무늬 의자 두 개를 놓아 식사 공간에 색상과 무늬를 더했다.

식탁 끝에 놓을 멋진 의자에는 돈을 아끼지 말자.

5단계

주 침실 디자인하기

침실의 원목 마루는 망가져 썩어가고 있었다. 심지어 군데군데 마룻널이 떨어져 나간 곳도 있어 전부 뜯어내는 수밖에 없었다. 우리는 합판으로 된 속바닥 위에 저렴한 원목 마루를 깐 다음 선명한 핑크로 칠했다. 새 바닥재에 색을 칠할 생각이라면 등급이 낮은 원목 마루를 골라 비용을 절약할 수 있다.

첸 자매는 대담한 디자인에도 거부감이 없었기에 우리는 거리 화가인 매트 사이렌Matt Siren에게 마법을 부려 달라고 부탁했다. 매트는 밀가루 풀과 풀비를 써서 방 전체에 검은색과 흰색, 핑크로 인쇄한 그래피티 작품을 벽지처럼 발랐다. 또 그 위에는 핑크와 검은색의 커다란 '고스트 걸Ghost Girl'을 붙였다. 데보라와 캐서린이 굉장히 마음에 들어 해서 우리도 기뻤다. 이들은 둘 다 모험적 디자인을 즐기는 센스가 있고, 바로 이런 점 덕분에 우리는 즐겁게 작업할 수 있었다.

프로젝트 결과

집 전체를 새 단장해야 할 때라도 꼭 큰돈을 쓸 필요는 없다.
주제를 정한 다음(이 프로젝트에서는 '핑크'였다.) 거기에 맞추
기만 하면 된다. 기능적인 디자인 해결책 몇 가지로 어둡고 낡
아빠진 공간이 풍부한 색감과 여성적 분위기가 넘치는 멋진
서퍼 오두막으로 다시 태어났다.

은은한 색깔의
벽은 대담한
소품의 완벽한
배경 역할을 한다.
포근한
깔개

직접 하는 방법

계단에
줄무늬 그리기

1. 흠집이나 갈라진 곳을 나무용 퍼티로 메운다.

2. 표면을 사포로 갈아낸다.

3. 프라이머를 칠한다.

4. 밑칠을 한다.(유성 페인트를 쓰는 편이 좋다.) 이번 작업에서는 흰색으로 밑칠을 했다.
   칠이 끝나면 최소한 24시간 이상 말린다.

5. 각 단의 길이를 재고 단마다 줄무늬를 그릴 곳에 테이프를 붙여 표시한다. 다 붙이고 나면 조금
   물러서서 선이 똑바른지 확인한다. 계단이 기울어졌을지도 모르므로(특히 오래된 집이라면 계
   단이나 벽 표면이 고르지 않을 때가 많다.) 자로 재는 것보다 눈으로 확인하는 편이 정확할 수도
   있다.

6. 줄무늬에 들어가는 첫 번째 색깔을 전부 칠한다. 무광 페인트를 사용하자.

7. 페인트를 완전히 말린 다음 두 번째 줄무늬를 테이프로 표시한다. 다른 색깔도 똑같이 작업한다.

8. 투명한 전문가용 폴리우레탄으로 코팅한다.

원목에
색깔 입히기

1. 갈라진 틈을 전부 나무용 퍼티로 메운다.

2. 표면을 사포로 갈아낸다.

3. 청소기를 돌리고 걸레질을 해 나무 가루를 전부 제거한다.

4. 바닥이 마르면 염료를 바른다.

5. 10분 후 스며들지 않고 남은 염료를 닦아낸다.

6. 바닥이 완전히 마르면 폴리우레탄으로 코팅한다.

비용 분석

항목	비용
공사비	$26,639.00
벽지	$1,450.00
바닥재와 카펫	GIFT
창문 장식	$2,973.95
조명	$800.00
주방과 식탁	$4,288.18
가전	$4,426.21
가구	$5,293.86
침구	$464.00
미술 작품	GIFT
장식품	$120.31
계	$46,455.51

빛이 드는 집

꿈의
복층 아파트
DREAM DUPLEX

제인Jane과 데이비드 코헨David Cohen은 우리를 만나기 세 달 전에 새 아파트로 이사했다. 맨해튼 머리 힐Murray Hill 근처에 자리한 이 아파트는 침실 세 개, 욕실 두 개와 간이욕실이 있는 복층 펜트하우스였다. 이 집은 새로 지은 데다 천장은 5.5미터나 되고 바닥에서 천장까지 뉴욕 시가 내려다보이는 창문이 두 방향으로 나 있어 더없이 매력적이었다.

이사하고 3개월이 지나서도 정리를 하지 못한 코헨 부부가 우리를 찾아왔다. 이들은 평면 TV를 걸고 짐을 풀기는 했지만 디자인과 장식에는 손을 대지 못하고 있었다. 사실 어디서 시작해야 할지 엄두조차 내지 못했다.

제인과 데이비드는 가구를 대여해 쓰고 있었고, 이 가구들은 아무 매력도 없고 지루하고 칙칙했다. 넓디넓은 흰 벽은 텅 비어 있었고, 천장에 고정된 작은 전구들 말고는 변변한 조명도 없었다. 코헨 부부는 어떤 집을 원하는지 스스로 알고는 있었지만, 그런 집을 만들려면 어떻게 해야 하는지 잘 알지 못

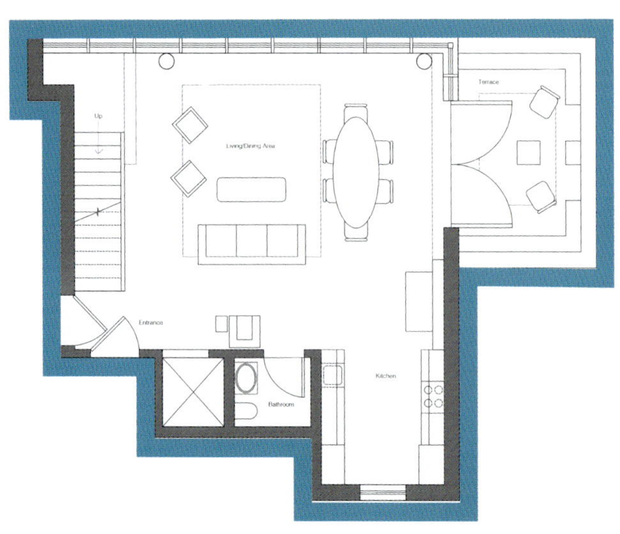

했다. 제인은 우아하고 고급스러운 느낌이 드는 현대적 스타일을 좋아했으며 세련되고 현대적인 디자인과 오래되고 독특한 가구를 섞는 아이디어도 마음에 들어 했다. 또 뚜렷한 색감, 특히 파랑과 초록을 선호했다. 또 이들 부부는 손님 초대를 좋아했기에 가족과 친구들이 모여 기가 막힌 전망을 함께 즐길 수 있는 공간을 원했다.

집 자체는 굉장히 멋지지만 가구와 장식이 공간에 따라가지 못하는 사례를 자주 본다. 전체 분위기는 장식을 어떻게 하느냐에 달려 있을 때가 많다.

프로젝트를 시작하며

목표

이미 감탄이 나올 만큼 멋진 집에 색감과 질감, 조명으로 매력 더하기

예산

2만 달러

고객 요청사항

1. 파랑과 초록을 중심으로 한 색상 배합
2. 눈에 확 띄는 조명
3. 현대적 미술 작품
4. 빈티지와 현대적 가구 섞어 배치하기
5. 테라스 단장하기

이런 전망이 있는데 앉을 곳이 없는 테라스 = 범죄!

거실 장식하기

원래 있던 가구는 전부 대여한 물건이었으므로 우리는 전화 한 통으로 공간을 깨끗이 비우고 작업을 시작할 수 있었다. 먼저 우리는 직접 디자인한 '패밀리Family' 깔개를 거실 가운데 깔아 중심을 잡았다. 대담한 무늬와 그 뒤에 숨은 의미는 거실이라는 공용 공간에 완벽히 어울렸고, 다채로운 색상은 거실 전체 색상 배합의 기준이 되었다.

또 우리는 벼룩시장에서 발견한 커다란 시멘트 단지에 분홍 꽃송이가 잔뜩 달린 가지를 가득 꽂아 자연스러운 느낌을 더했다. 공간 전체의 산뜻한 분위기 덕분에 단지는 마치 박물관에 전시된 물건처럼 멋져 보였고, 반대로 단지는 자칫 차가워 보일 수 있는 거실 분위기를 부드럽게 해 주었다.

이 의자와 탁자는 1950년대 풍 매력이 넘친다.

마이클 스미스 Michael Smith

애들레이드는 뉴욕에서 골동품이나 빈티지 가구를 파는 상점 중 우리가 가장 좋아하는 곳이다. 우리는 공동 소유주인 마이클 스미스에게 빈티지와 모던 가구를 조화시키는 방법을 물었다.

모던과 빈티지를 섞을 때 주의해야 할 점: 빈티지 가구를 사용할 때는 나머지 실내장식과 어울리는 것을 골라야 합니다. 방 안 분위기를 살려 주는 역할을 해야 한다는 말이죠.

색상 배합 규칙: 어떤 색상을 조합해도 괜찮습니다. 단지 염두에 둘 것은 채도와 농도가 비슷한 색을 사용해야 한다는 점이죠. 예를 들어 선명하고 대담한 색끼리, 또는 담백하고 자연스러운 색끼리 섞는 것은 좋지만 양쪽을 같이 써서는 안 됩니다. 전체 색상 배합에서 동떨어진 색을 포인트로 쓰고 싶다면 한 가지 색만 골라 전체적으로 반복해 주면 좋습니다.

편안함 대 스타일: 어느 한쪽이 더 중요하다고 할 수 없습니다. 가장 좋은 결과를 위해 편안함과 스타일 사이에서 균형을 잡을 필요가 있죠.

적은 예산으로 고급스러운 분위기를 내려면: 적은 예산으로 고급스러운 분위기를 내고 싶다면 실내장식을 완성할 때까지 상당한 시간이 필요합니다. 예산이 적을 때는 주말 동안에 벼룩시장과 빈티지 상점에서 필요한 것을 전부 찾을 수 있으리라 기대하면 곤란하지요. 세련된 공간을 원한다면 그만큼 시간을 들여야 합니다.

실내장식을 할 때 가장 중요한 요소 세 가지는 다음과 같습니다.

1. 공간에서 포컬 포인트를 찾으세요. 공간에 들어섰을 때 시선이 가장 먼저 가는 곳이 바로 포컬 포인트입니다. 그곳을 중심으로 실내장식을 구성하면 됩니다.

2. 포컬 포인트를 기준으로 작업할 때, 높은 곳에서 낮은 곳으로 내려가세요. 대개 포컬 포인트는 실내장식에서 가장 높은 곳에 있습니다. 가구나 다른 장식은 포컬 포인트 역할을 하는 물건보다 높이 있어서는 안 됩니다.

3. 조명을 신중하게 선택하세요.

Q: 모던의 장점은 무엇인가요?
A: 모던한 가구는 시대에 걸맞은 분위기를 내줍니다. 집이 시대극에 나오는 촬영 세트처럼 보이기를 바라는 사람은 없겠죠.

Q: 빈티지의 장점은 무엇인가요?
A: 빈티지 가구에는 다른 집과는 차별되는 공간을 만들어 주는 개성이 있습니다.

식사 공간 디자인하기

대리석의 타원형 식탁은 우아함을 더해 준다. 우리는 거의 모든 프로젝트
에서 서로 다른 의자를 함께 배치하는데, 결코 싫증나지 않는 방법이다.
식탁 양쪽 끝에 놓은 의자는 옆에 놓은 것과 마감이나 소재 면에서 완전
히 다르지만 둥근 등받이라는 공통점 덕분에 좋은 조화를 이룬다.

미술 작품 걸기

멋진 계단 뒤에 있는 널따란 벽에는 크고 과감한 미술 작품이 꼭 필요했다. 우리는 화가 크리스티나 버가노Christina Vergano를 만나 이 벽에 걸 작품을 그려 달라고 의뢰했다. 크리스티나는 유머 감각이 있고 재미있는 동시에 제인이 좋아하는 색깔을 쓴 〈비유적 표현Figure of Speech〉이라는 작품을 그려 주었다.

계단은 미술 작품을 걸기에 좋은 곳이다.

조명 달기

시선을 잡아끄는 대담한 장식이 필요한 이 아파트에는 톰 딕슨Tom Dixon이 디자인한 샹들리에보다도 강렬한 인상을 주는 대형 펜던트 조명이 제격이었다. 우리는 위에서 보나 아래서 보나 아름답고 더욱 극적인 효과가 나도록 펜던트 조명 여섯 개를 한데 모아 조금씩 다른 길이로 설치했다.

5단계

실외를 안으로, 실내를 밖으로

코헨 부부의 집에는 훌륭한 테라스가 있었지만 텅 비고 가구도 없는 상태여서 사용된 적이 없었다. 우리는 최소한 날이 따뜻할 동안 문을 열어 두었을 때 거실의 일부처럼 느껴지는 테라스를 만들고자 했다. 테라스에서 가장 우리 마음에 들었던 것은 실내에서도 사용할 수 있으며 세련된 외관을 지닌 에코 타워Eco Tower 난로였다. 녹색 소파 위에는 실내에 사용한 금속 소품들과 연관성이 느껴지도록 금속 질감 쿠션을 놓았다.

노보그래츠가
작업한 집
노보그래츠가
작업한 집
노보그래츠가
작업한 집
금속 질감의 쿠션은
색감을 더하는 동시에
자리가 부족할 때
방석으로 쓸 수도 있다.

실내와 실외에
동일한 색상
조합을 사용했다.
'색감이 풍부한 '패밀리' 깔개는
우리가 디자인한 것으로 CB2에서 구매할 수 있다.'

프로젝트 결과

제인과 데이비드의 아파트는 정말 멋졌지만, 텅 빈 벽과 대여한 가구가 분위기를 망치고 있었다. 미술 작품과 대담한 조명, 빈티지와 모던 가구의 적절한 조합은 기막힌 전망과 조화를 이루며 집을 더욱 빛나게 해 주었다.

직접 하는 방법

커다란 펜던트 조명이나 샹들리에 달기

소켓 확인하기

원래 조명이 있거나 소켓이 있는 곳이라면 조명을 직접 설치할 수 있다. 아니라면 전기 기사가 필요하다.

배치 정하기

펜던트 조명을 여러 개 달 때는 조명 갓 크기를 재고 적어도 그만큼 간격을 떼어 서로 부딪치지 않도록 전선을 설치해야 한다.

길이 조절하기

서로 다른 길이로 조명을 달려고 할 때 전선 길이를 줄이는 것은 직접 할 수 있지만, 늘이는 것은 전기 기사에게 맡겨야 한다. 탁자나 가구 위에 설치할 때를 제외하고는 항상 바닥에서 2미터 이상 떨어진 곳에 조명이 위치해야 한다는 점을 잊지 말자.
하지만 반대로 쳐다보려면 목이 아플 정도로 높이 다는 것도 좋지 않다.

잘 모르겠다면…

설치하면서 조금이라도 의문이 생긴다면 전기 기사에게 물어보자.

비용 분석

공사비	$3,255.23
바닥재와 카펫	$100.96
조명	$2,652.20
벽난로	$2,830.75
가구	$7,818.15
바와 바 장식품	$528.04
쿠션	$818.75
미술 작품	$517.16
책	$462.00
꽃병	$1,092.98
꽃	$ 2,391.76
계	$22,467.98

스콧
엘리즈
해나
찰리
페이지

교외의 지하실
SUBURBAN BASEMENT

우리는 스콧Scott과 엘리즈 에버렛Elyse Everett 부부, 그리고 세 아이 해나Hannah(6세), 찰리Charlie(3세), 페이지Paige(6개월)를 뉴저지 고급 주택가에 있는 그들의 집에서 만났다. 에버렛 가족은 그들의 집을 매우 좋아했지만 지하실만은 예외였다. 지하실은 절반이 아빠만의 공간, 절반이 놀이방이었으며 아이들 장난감으로 완전히 뒤덮여 있었다. 어둡고 바닥 전체에는 갈색 카펫이 깔렸으며 덩치 큰 장난감(인형 집 등)이 여기저기 흩어진 전형적 지하실이었다.

공간 전체가 칙칙하고 생기가 없어 심지어 엘리즈는 영화를 보러 내려오는 것조차 꺼릴 정도였다. TV 보는 공간에는 세련되거나 아늑한 맛이 전혀 없었다. 아이들 공간도 별로 다르지 않았다. 벽은 텅 비어 있고 수납이나 정리 정돈할 공간도 거의 없는데다 바닥을 빼고는 앉을 곳도 없었다. 자연광은 소파 위에 달린 작은 창문에서 들어오는 빛뿐이었으며 색이 짙고 묵직한 가구, 칙칙한 올리브색 벽, 바닥을 가득 메운 갈색 카펫 탓에 방은 실제보다 더욱 어두워 보였다. 지금까지 우리는 지하실 작업을 맡은 적이 별로 없었다. 지하실은 항상 까다로운 과제였고, 우리는 가능한 한 밝고 편안한 분위기를 만드는 것이 가장 좋은 해결책이라는 사실을 알게 되었다.

프로젝트를 시작하며

예산

3만 5천 달러

목표

어두운 지하실을 가족이 여가를 즐기고 손님을 접대할 수 있는 밝고 즐거운 공간으로 바꾸기

고객 요청사항

1. 손님 접대를 위한 바와 오락 공간
2. 아이들이 그림을 그릴 공간
3. 벽에 미술 작품 걸기
4. '아빠의 아지트' 같은 분위기 없애고 세련미 더하기
5. 새 카펫

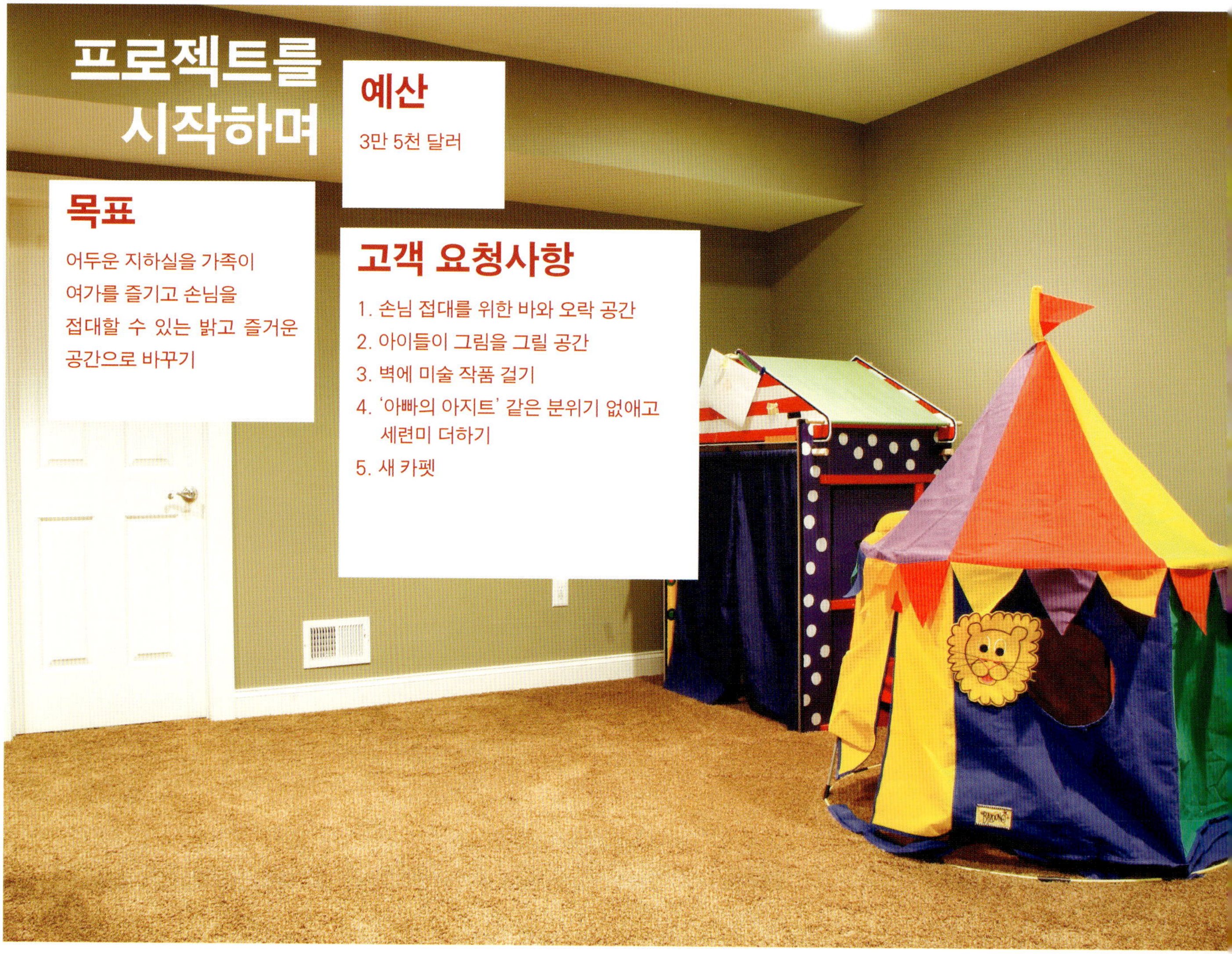

'색이 짙고 묵직한 가구 탓에 방은 실제보다 더욱 어두워 보였다.'

갈색 소파는 너무 무거웠다.

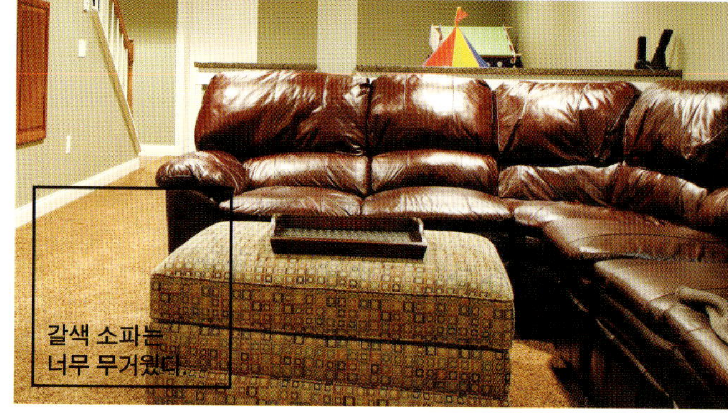

에버렛 부부는 가족이 함께 시간을 보내고 손님도 접대할 수 있는 탁 트이고 깔끔하며 어수선하지 않은 공간을 간절히 필요로 했다. 지하실은 크게 놀이방, 그림 그리는 공간, TV 보는 방, 어른을 위한 오락 공간의 네 부분으로 나뉘어 있었다. 우리는 각 부분이 지닌 특성을 더욱 뚜렷하게 강화해 기능적이고 세련된 공간을 만드는 것을 목표로 했다. 또 안락함이나 스타일을 포기하지 않고도 가족 구성원이 각자 즐길 거리를 찾을 수 있는 공간을 만들고자 했다.

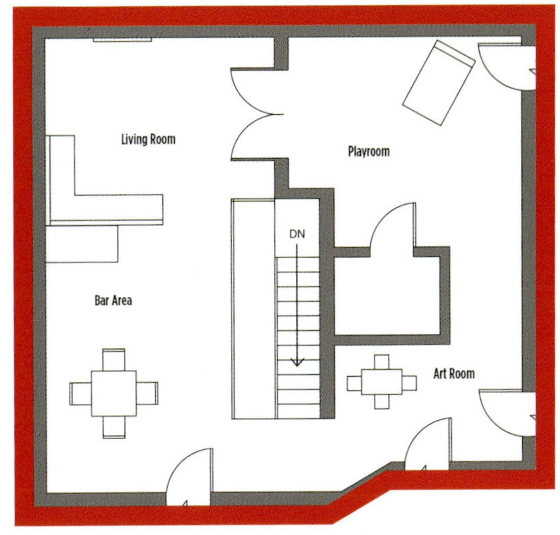

카펫 바꾸기

계단 꼭대기부터 깔린 갈색 전면 카펫 탓에 계단은 지하 감옥으로 이어지는 어두운 터널처럼 보였다. 첫 번째 작업은 바로 이 카펫을 걷어내는 것이었다. 카펫을 치우자마자 지하실은 상당히 밝아지고 훨씬 덜 우울해 보였다. 카펫 아래 바닥은 콘크리트였고, 우리가 선택할 수 있는 방법에는 전면 새 카펫 깔기(너무 지루함), 새로 마루 깔기(너무 비쌈), 시멘트 바닥에 코팅제나 페인트 칠하기(너무 차가움)가 있었다. 고심 끝에 우리는 새로운 해결책, 즉 플로어 카펫 타일을 선택했다. 타일처럼 끼워 맞추는 이 재미있는 카펫은 청소나 교체가 매우 간단하다. 카펫 타일이 방 전체를 압도하지 않도록 우리는 푸른색 계열 바둑판무늬를 골랐다.

골동품 장난감은 독특할 뿐 아니라 아이들이 옛 것에 관심을 두도록 유도한다.

카펫 타일은 지하실에 꼭 알맞은 해결책이다.

'카펫 타일이 방 전체를 압도하지 않도록 우리는 푸른색 계열 바둑판무늬를 골랐다.'

2단계

계단
개조하고
미끄럼틀
만들기

계단은 어둡고 우울했다. 우리는 지하 감옥이 아니라 놀이공원으로 이어 지는 듯한 계단을 만들고 싶었다. 아이들에게 미끄럼틀을 타고 놀이방에 들어가는 것보다 더 신나는 일이 있을까?

우리는 아이들에게서 영감과 신선한 아이디어를 찾으려 노력하는데 이 미끄럼틀 아이디어도 우리 아이들에게 우리 아이들에게 얻은 것이다. 계단은 한쪽 면이 트여 있었으므로 미끄럼틀을 덧붙이는 일은 상당히 간 단했다. 일단 계단 꼭대기의 벽에 구멍을 내 미끄럼틀로 가는 입구를 만 든 다음 층계참을 늘리고 계단 옆면에 맞춰 미끄럼틀을 만들어 고정했다. 그런 다음 안전을 고려해 미끄럼틀 옆면에 모서리를 둥글게 깎은 난간을 붙이고 미끄러지기 쉽도록 표면을 투명 폴리우레탄으로 코팅했다. 아이 들은 기뻐서 어쩔 줄 몰랐다.

계단은 흰색으로 칠하고 스텐실을 이용해 각 단에 무지개에 있는 색 깔 이름을 순서대로 넣었다. 작업에 사용한 접착식 비닐 스텐실은 어떤 모양으로든 스텐실을 만들어 주는 회사인 패스트사인Fastsigns에서 주문 제작했다. 비접착식을 쓰면 페인트가 번지므로 접착식을 사용했다.

TV 보는 공간 새로 꾸미기

스콧은 TV 보는 공간, 특히 프로젝터와 스크린을 매우 좋아했지만 엘리즈는 아늑한 맛이 전혀 없고 지나치게 묵직한 분위기를 견디지 못했다. 우리도 마찬가지였다. 음침한 녹색 벽과 거대한 갈색 분리형 소파, 북슬북슬한 베이지색 카펫 탓에 이 방은 어둡고 촌스러우며 불편해 보였다. 색감을 더하고 미술 작품을 걸어 분위기를 밝게 할 필요가 있었다.

갈색 소파를 들어내는 것만으로도 분위기가 훨씬 가볍게 느껴졌다. 우리는 CB2에서 모던한 흰색 소파를 사서 그 자리에 놓았다. 이 소파는 깔끔하고 세련되면서도 놀랍도록 안락했다. 소파 위에는 다양한 파란색과 노란색 쿠션을 얹어 편안함과 색감을 더했다. 쿠션은 강렬한 느낌을 살짝 가미하고 모험적 시도를 하기에 매우 좋은 소품이다. 우리 집에서는 쿠션들을 늘 이 방 저 방으로 옮겨 놓으며 분위기를 바꾸는 데 활용한다.

남자들이 대개 그렇듯 스콧 또한 프로젝터와 스크린을 매우 아꼈기에 누가 건드리거나 옮겨 놓기를 원하지 않았다. 따라서 우리는 배치를 바꾸는 대신 스크린 뒤 벽을 무광 검정 페인트로 칠하고 창문에는 암막 커튼을 쳐 빛이 들어오는 것을 최대한 막음으로써 장비의 효과를 극대화하고 실제 영화관 같은 느낌을 냈다.

이 작품은 익지비션 A^{Exhibition A}라는 웹사이트에서 찾아냈다.

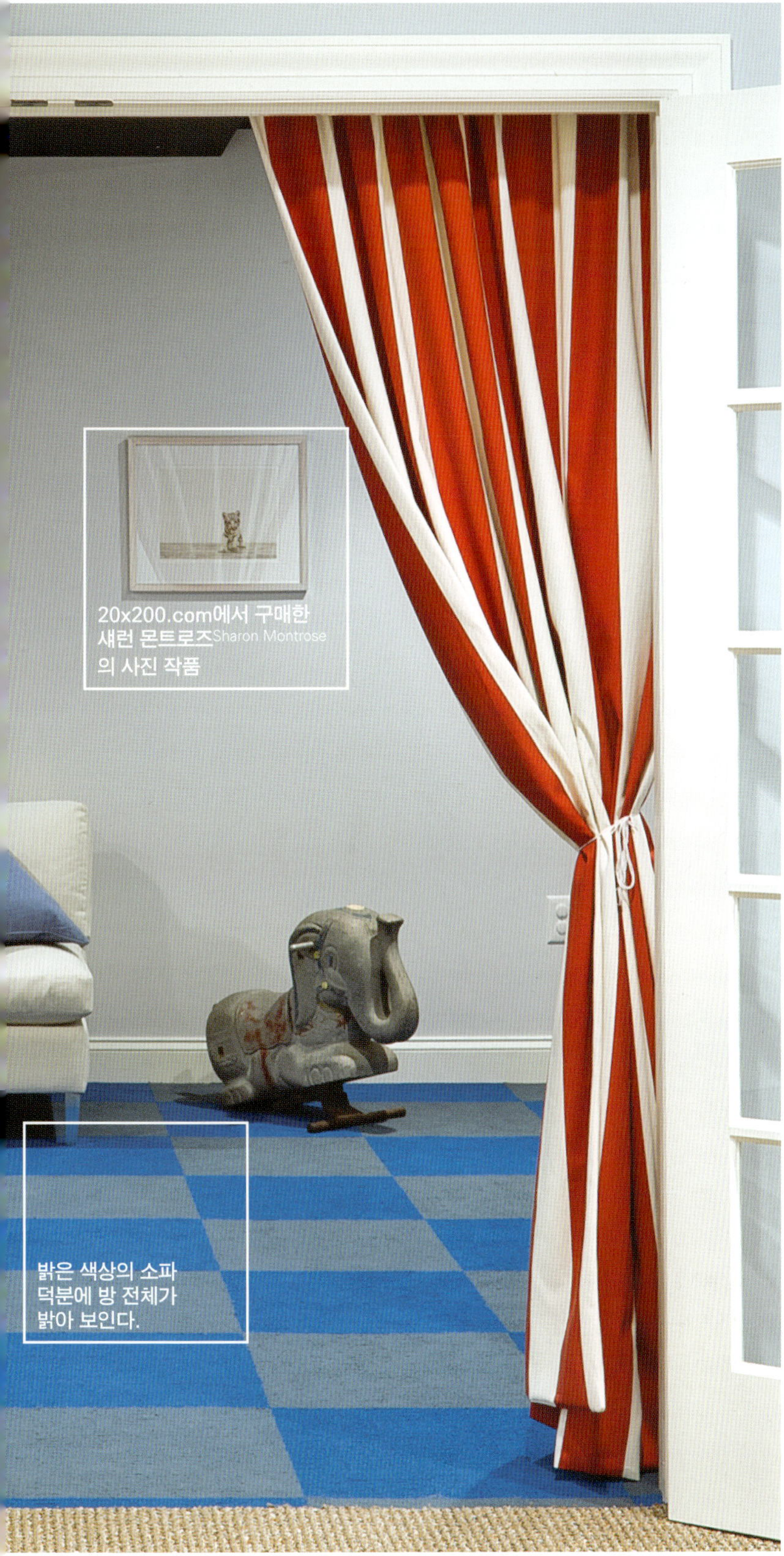

20x200.com에서 구매한 섀런 몬트로즈Sharon Montrose의 사진 작품

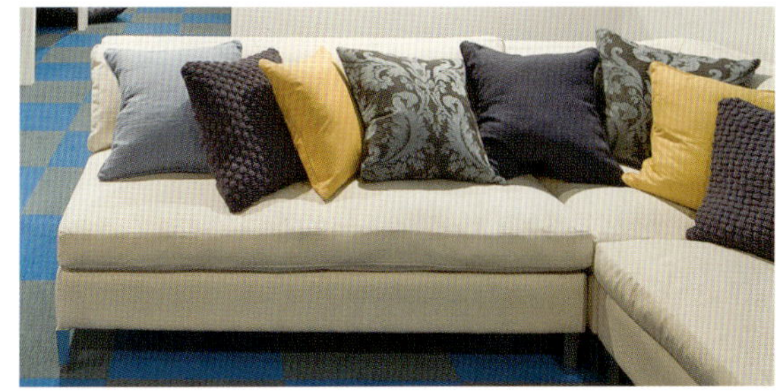

밝은 색상의 소파 덕분에 방 전체가 밝아 보인다.

전문가에게 묻다

빌 파워스Bill Powers

우리는 하프 갤러리Half Gallery 소유주이자 브라보 TVBravo TV의 리얼리티 쇼 〈예술 작품: 차세대의 거장Work of Art: The Nest Great Artist〉에서 심사위원을 맡은 빌 파워스에게 인터넷으로 미술 작품을 사는 것에 대한 조언을 부탁했다.

Q: 사람들에게 미술 작품을 사라고 권하는 이유는 무엇인가요?

A: 벽 장식품을 살 돈에 조금만 보태면 훨씬 의미 있고 가치 있는 것을 얻을 수 있으니까요.

Q: 인터넷은 미술계에 어떤 영향을 미쳤나요?

A: 80~90년대에 패션계에 일어났던 현상이 지금 미술계에 나타나고 있다고 봅니다. 사람들이 특정 하위문화의 존재를 새롭게 인식한 후 참여하고 싶어 하는 현상이죠. 내 친구이자 작가인 제리 잘츠Jerry Saltz는 이렇게 말했죠. "미술계에 발을 들이고 싶은가? '나는 미술계에 있어요.'라고 말하기만 하면 된다." 평서문 하나를 말하는 것만큼이나 간단해요.

Q: 온라인으로 미술 작품을 사는 것에 단점도 있나요?

A: 숫자만 보고는 실제 크기를 가늠하기가 어렵지요. 웹상에 표시된 치수대로 종이를 잘라서 대보면 실제 작품의 크기를 가늠할 수 있습니다.

Q: 미술 작품에 손대기를 망설이는 사람에게 해 주실 조언이 있나요?

A: 문학은 정의상 교훈과 재미를 목적으로 합니다. 미술도 똑같이 우리의 욕구를 채워주지 못할 이유가 없죠. 사람들은 리얼리티 쇼 〈진짜 가정주부Real Housewives〉의 출연자 다섯 명을 대라면 대겠지만 동시대 예술가 다섯 명은 대지 못한다니까요. 우리는 이런 점을 바꿔야 합니다.

'쿠션은 강렬한 느낌을 살짝 더하는 데 매우 좋은 소품이다.'

어른을 위한 오락 공간 만들기

에버렛 부부는 친구를 초대해 술을 한잔하거나 포커를 하거나 영화 보기를 좋아한다. 이들 부부는 손님 접대를 할 때 얼음이나 음료수를 가지러 계단을 오르락내리락할 필요가 없도록 바를 만들어 달라고 부탁했다. 그것은 스콧이 요청사항 목록에 첫 번째로 적은 항목이었다. 우리는 지하실 안쪽에 있던 벽을 반쯤 헐고 그 위에 인조석 상판을 얹어 바를 만들었다. 또 냉장고와 제빙기는 물론 영화를 볼 때 손쉽게 팝콘을 만들 수 있도록 전자레인지도 들여놓았다.

보기 좋고 정돈된 놀이방 만들기

우리는 대형 장난감 업체 창고 같던 놀이방을 아이들이 상상력을 발휘해 무언가를 창조할 수 있는 공간으로 바꾸고 싶었다.

원래 깔려 있던 중간 톤의 베이지색 카펫은 크게 거슬리지 않았고 예산도 부족했기에 그대로 두기로 했다. 하지만 알파벳이 새겨진 깔개와 다양한 색상의 바닥용 쿠션은 자칫 따분하게 느껴질 수 있는 카펫에 색감과 따스함, 세련된 느낌을 더해 주었다.

이 집 아이들에게는 가장용 의상이 잔뜩 있었으므로 우리는 한쪽 구석에 모자와 의상을 걸어둘 공간을 마련했다. 또 리허설용 감독 의자를 놓고 공연 놀이를 할 때 사용할 빨강과 흰색 줄무늬 커튼도 달았다. 놀이공원에서 쓰던 빈티지 거울은 아이들은 물론 어른들도 좋아할 것이다. 새로 만든 바에서 한잔한 다음이라면 더욱 그러할 것이다.

프로젝트 결과

다양한 색상과 새 가구 그리고 몇몇 간단한 디자인 해법으로 우리는
다양한 기능이 명확히 할당되고 동선도 자연스러우며 산뜻한 맛이
있는 공간을 창조해냈다.

뉴욕에 있는
듀갈에서
가족사진으로
벽지를 주문
제작할 수 있다.

이 거울은 뉴욕에
있는 빈티지 상점
애들레이드에서
찾은 물건이다.

직접 하는 방법

카펫 타일 깔기

기존 카펫 들어내기

합판이나 콘크리트 바닥이 드러나도록 카펫과 그 아래 깔린 보호재를 전부 걷어낸다.

코르크 깔기(선택 사항)

방음이나 푹신한 바닥을 원한다면 코르크를 한 겹 깔아 준다. 카펫 타일이 움직이지 않도록 코르크는 접착제를 사용해 바닥에 붙인다.

바닥 청소하기

청소기를 돌리고 물걸레질을 한 다음 잘 말린다.

타일 깔기

각 타일 뒷면에는 화살표가 그려져 있다. 단색이건 패턴이 있는 제품이건 화살표가 전부 한 방향을 향하도록 타일을 깔아 준다.

계단에 스텐실하기

계단 전체 사포질하기

금이 간 곳이나 구멍을 전부 퍼티로 메운 다음 입자가 고운 사포를 써서 계단 표면을 한 방향으로 밀어준다. 사포질이 끝나면 나무 가루와 먼지를 깨끗이 청소한다.

프라이머 칠하기

작은 롤러나 납작붓을 써서 계단 전체에 고급 유성 프라이머를 한 겹 바른다.

바탕색 칠하기

계단 전체에 바탕색을 칠할 때는 유성이나 라텍스 페인트를 사용하면 되지만, 반유광 페인트는 스텐실을 떼어낼 때 벗겨지고 스텐실한 주변이 갈라지므로 절대 피해야 한다. 무광 페인트가 가장 좋다.

배치 정하기

바탕칠이 마르고 나면 단의 치수를 재고 어디에 스텐실을 할 것인지 정한다.(가운데에 한다면 양쪽 끝과 아래위에서의 간격을 전부 잰다.) 정한 위치를 연필로 표시한다.

스텐실 붙이기

보호지를 떼어내고 스텐실을 붙인다.연필 자국은 드러난 상태로 두면 나중에 페인트에 가려진다.

스텐실 안쪽에 페인트 칠하기

앞서 말했듯 무광 페인트를 쓰는 편이 좋다. 스텐실을 할 때는 스프레이 페인트가 편리하다.

스텐실 떼어내기

접착식 스텐실은 페인트가 덜 말랐을 때에도 번지는 현상 없이 잘 벗겨진다. 한쪽 귀퉁이에서 시작해 천천히 떼어내면 된다.

코팅제 칠하기

계단 전체에 투명한 폴리우레탄 코팅제를 바른다. 이렇게 하면 스텐실도 오래가고 계단도 깔끔하게 유지된다.

비용 분석

항목	금액
공사비	$13,285.00
사진 벽지	$2,177.50
바닥재와 카펫	$2,428.86
창문과 문 장식	$648.10
조명	$1,197.60
가구	$4,895.58
가전제품	$4,228.66
미끄럼틀	$1,575.00
미술 작품	$1,346.34
미술 재료 및 수납함	$1,124.60
장식품	$4,467.60
요가 매트와 짐 볼	$168.94
계	$37,543.78

프루지나
테아
다니엘리
지핸

모델들의 숙소
MODEL HOME

모델 에이전시인 원 매니지먼트One management는 우리에게 최근 뉴욕에 도착한 새내기 모델 네 명이 머무는 숙소를 아늑한 분위기로 바꾸어 달라고 의뢰했다. 브루클린에 있는 작은 아파트에서 침실과 욕실을 함께 쓰는 네 명의 아가씨는 모두 다른 나라 출신으로 처음 만난 사이였다. 이 아파트는 모델 한 명이 떠나면 한 명이 들어오는 회전문 같았다. 몇 주 만에 떠나는 사람도 있고 몇 달간 머무는 사람도 있었다.

우리 가족은 수없이 이사를 다녔는데 이사 갈 집이 준비되기 전에 집을 비워야 할 때도 많았다. 그래서 임시 숙소에서 지낸 경험은 상당히 풍부하다고 할 수 있다. 짧게는 몇 주간, 길게는 6~7개월까지 임시 거처에서 지낸 적도 있다. 얼마나 오래 머물러야 할지 확실히 알 수가 없었고, 아이들도 생각해야 했기에 우리는 항상 이런 임시 숙소를 내 집처럼 만드는 일을 최우선으로 생각했다. 일단 옮기면 먼저 실내를 장식하고 마치 평생 살 집인 것처럼 꾸몄다. 바로 이것이 이번 프로젝트에서 우리가 하려는 일이었다.

프로젝트를 시작하며

예산

2만 달러

목표

잠시 머무는 곳일지라도 집처럼 편안하게 느껴지는 공간 만들기

고객 요청사항

1. 색감과 개성 부여하기
2. 더욱 기능적인 주방
3. 부티크 호텔 분위기
4. 벽에 미술 작품 걸기
5. 조명

'침실은 기숙사 방 같아 보였다.'

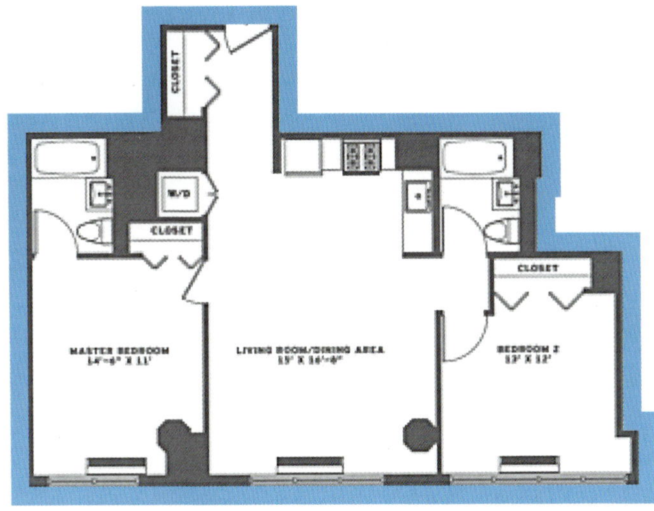

작업 시작 전에 살펴본 아파트는 아무리 좋게 말해도 삭막했다. 매력이라고는 전혀 없는 흰색 상자나 마찬가지였다. 거실과 식사 공간은 누가 머물거나 식사를 한 적이 한 번도 없는 곳처럼 보였고, 침실로 향하는 통로 구실밖에 하지 못했다. 흰색 벽은 텅 비었고, 그나마 있는 가구 몇 점은 단조롭고 우울했다. 바닥에 놓인 매트리스 두 개와 벽 쪽에 있는 싸구려 서랍장밖에 없는 침실은 마치 학생들이 여름방학을 맞아 떠나버린 기숙사 방 같았다. 이 아파트를 내 집처럼 만들려면 색깔과 조명, 개성 그리고 독특한 디자인 해법이 필요했다. 이 집은 임대였으므로 구조를 바꾸는 일은 불가능했다. 우리는 안락한 가구와 멋진 빈티지 조명을 활용하고 휑한 벽에는 그림을 걸고 벽지를 발라 세련되고 산뜻한 부티크 호텔 분위기를 내는 동시에 따스하고 편안한 공간 창조를 목표로 잡았다.

더 쓸모 있는 주방 만들기

주방은 거실을 향해 트인 개방형이었고 새 싱크대와 가전을 갖추었지만, 조리대와 수납공간이 부족했고 조명도 없었다. 주방에 매력뿐만 아니라 더욱 중요한 기능성을 더하기 위해 우리는 맨해튼에 있는 식당 용품 판매점 바워리Bowery에서 인더스트리얼한 중고 주방용 카트를 사서 들여놓았다. 이 카트는 보조 조리 공간과 수납공간을 제공했으며 주방을 거실과 식사 공간에서 분리해 주는 역할도 했다. 마지막으로 우리는 어떤 공간에나 생기를 주는 꽃을 장식했다.

'꽃은 어떤 공간에나 생기를 준다.'

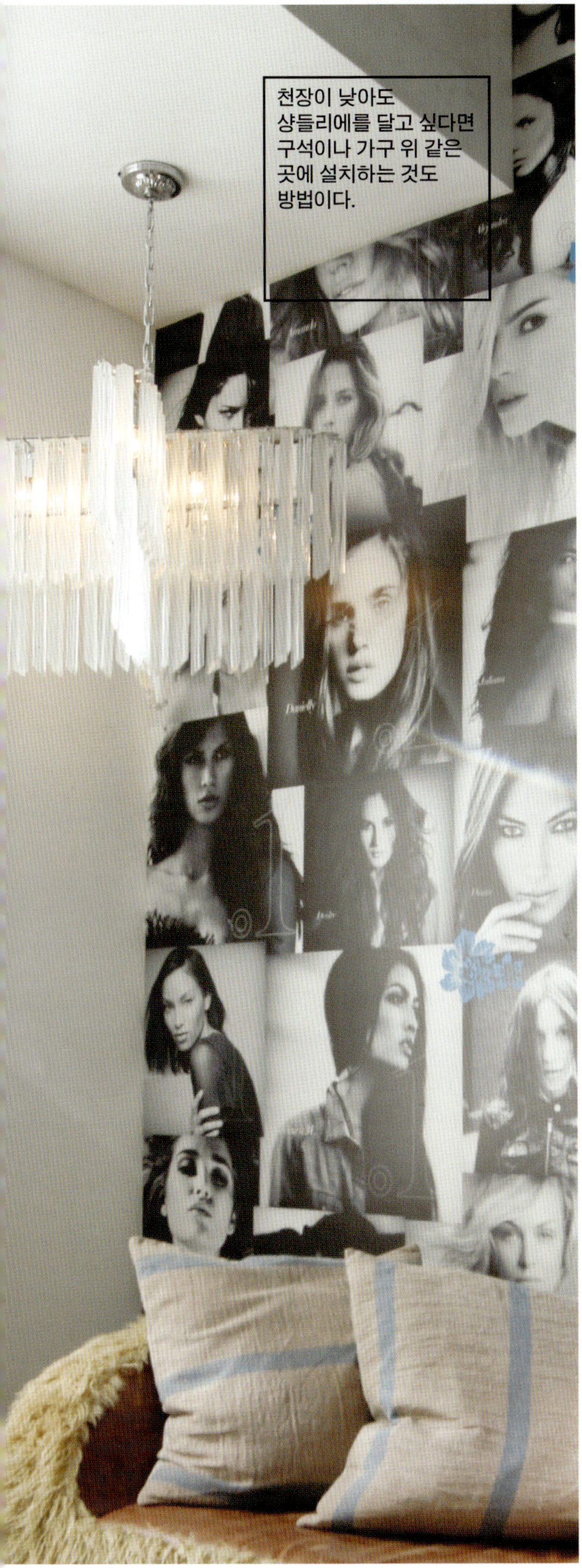

천장이 낮아도
샹들리에를 달고 싶다면
구석이나 가구 위 같은
곳에 설치하는 것도
방법이다.

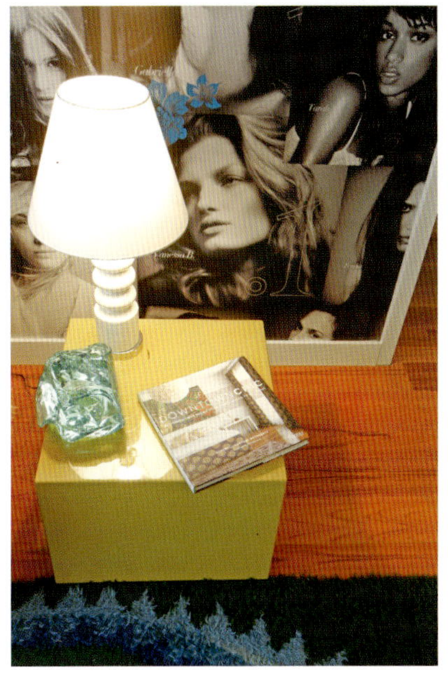

2단계

거실에 조명 달기

바워리 라이팅Bowery Lighting Co.에서 매력적인 빈티지 샹들리에를 발견한 우리는 이 조명이 거실에 아늑하면서도 화려한 느낌을 주고 새로 지은 아파트에 시대적 깊이를 더하기에 꼭 알맞다고 생각했다. 하지만 매우 키가 큰 아가씨들이 사는 아파트에서는 샹들리에를 거실 한가운데 달면 너무 낮게 내려와 곤란하므로 대안이 필요했다. 우리는 머리를 부딪칠 위험을 없애는 동시에 멋진 벽지와 소파가 돋보이도록 샹들리에를 구석에 다는 방법을 택했다. 대신 거실이 충분히 밝도록 바닥과 탁자에 스탠드를 놓았다.

거실과 식사 공간에 가구 갖추기

가구도 거의 없고 벽도 휑한 거실과 식사 공간은 휴식을 취하는 곳이라기
보다는 그저 복도 같은 느낌이었다. 실제로 이 공간은 욕실이나 침실로
이어지는 통로 역할밖에 하지 못했다. 이 아가씨들은 서로 모르는 사이지
만 거실에 모여 함께 어울려 지내기는 어렵지 않았다. 우리는 이들이 같
이 시간을 보내고 친구를 부를 생각이 들 정도로 따뜻하고 아늑한 공간을
만들어 주고 싶었다.

우리는 아무 특징도 없는 흰색 식탁을 치우고 대신 세련된 연두색 원
탁을 놓았다. 또 카르텔 제품인 흰색 고스트 체어 두 개는 그대로 두고 다
른 의자 두 개를 추가했다. 빈티지와 모던, 고급품과 저가 제품 등 서로

다른 의자를 함께 놓으면 훨씬 재미있고 편안한 식탁이 되며 손쉽게 세련된 느낌을 낼 수 있다. 모든 것을 완벽하게 맞춰 놓은 집은 카탈로그를 그대로 베낀 것처럼 보인다. 또 다른 집과 차별성도 없게 된다. 그래서 식탁 위에는 모양과 크기가 다른 촛대 다섯 개를 장식해 공간에 여성스러운 우아함과 매력을 더했다.

작업 전 거실은 마치 병원 대기실 같은 느낌이었다. 낡고 부실한 파란색 소파와 싸구려 나무 협탁을 제외하고는 거의 텅 비어 있었다. 부실한 조명도 우울한 분위기에 한몫했다. 천장에 달린 트랙 조명기구를 빼면 소파 옆에 있는 작은 스탠드 하나가 전부였다.

'모든 것을 완벽하게 맞춰 놓은 집은 카탈로그를 그대로 베낀 것처럼 보인다.'

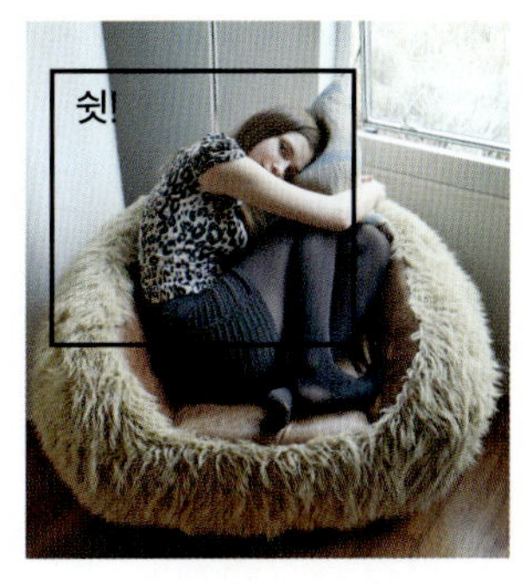

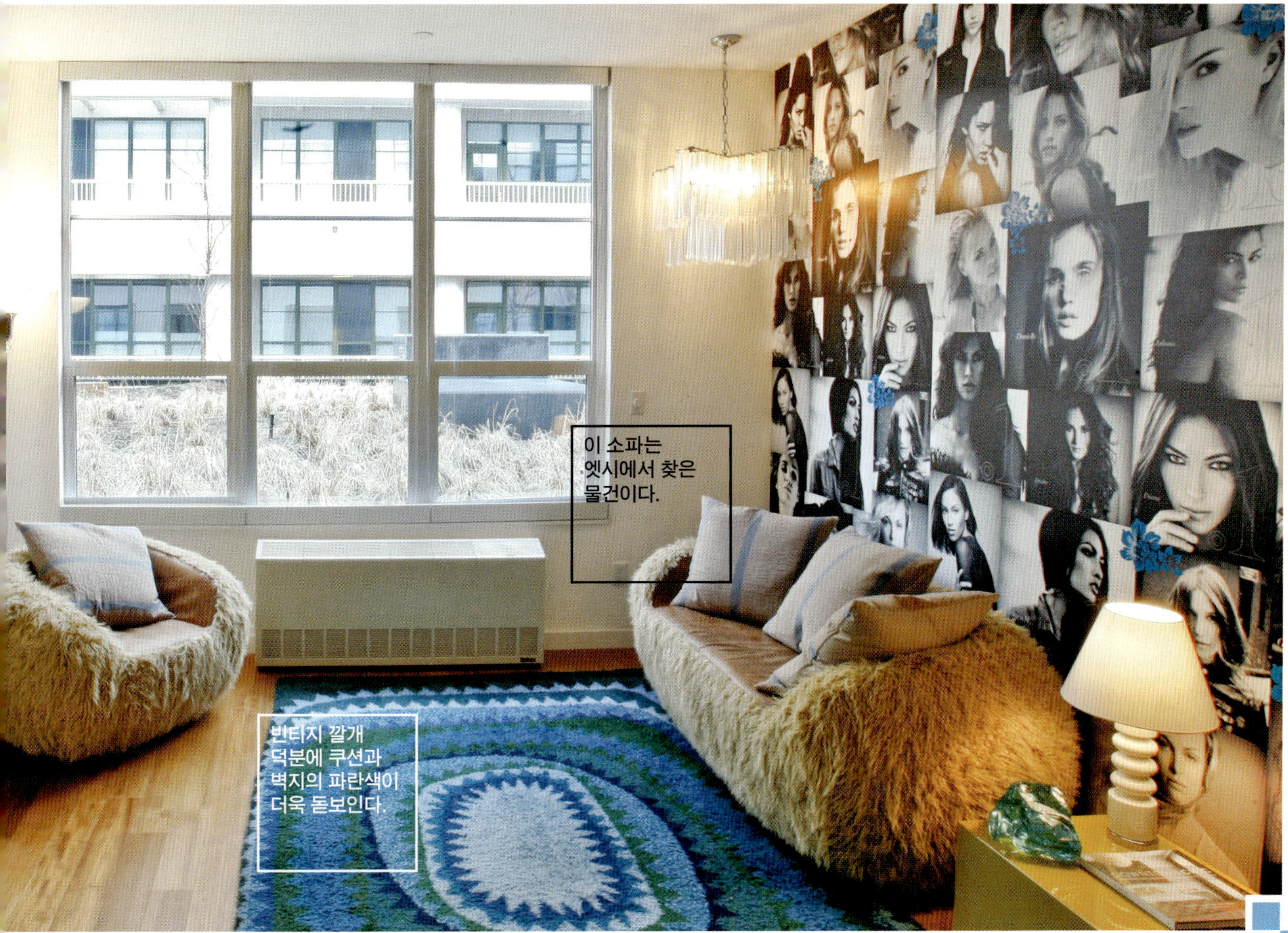

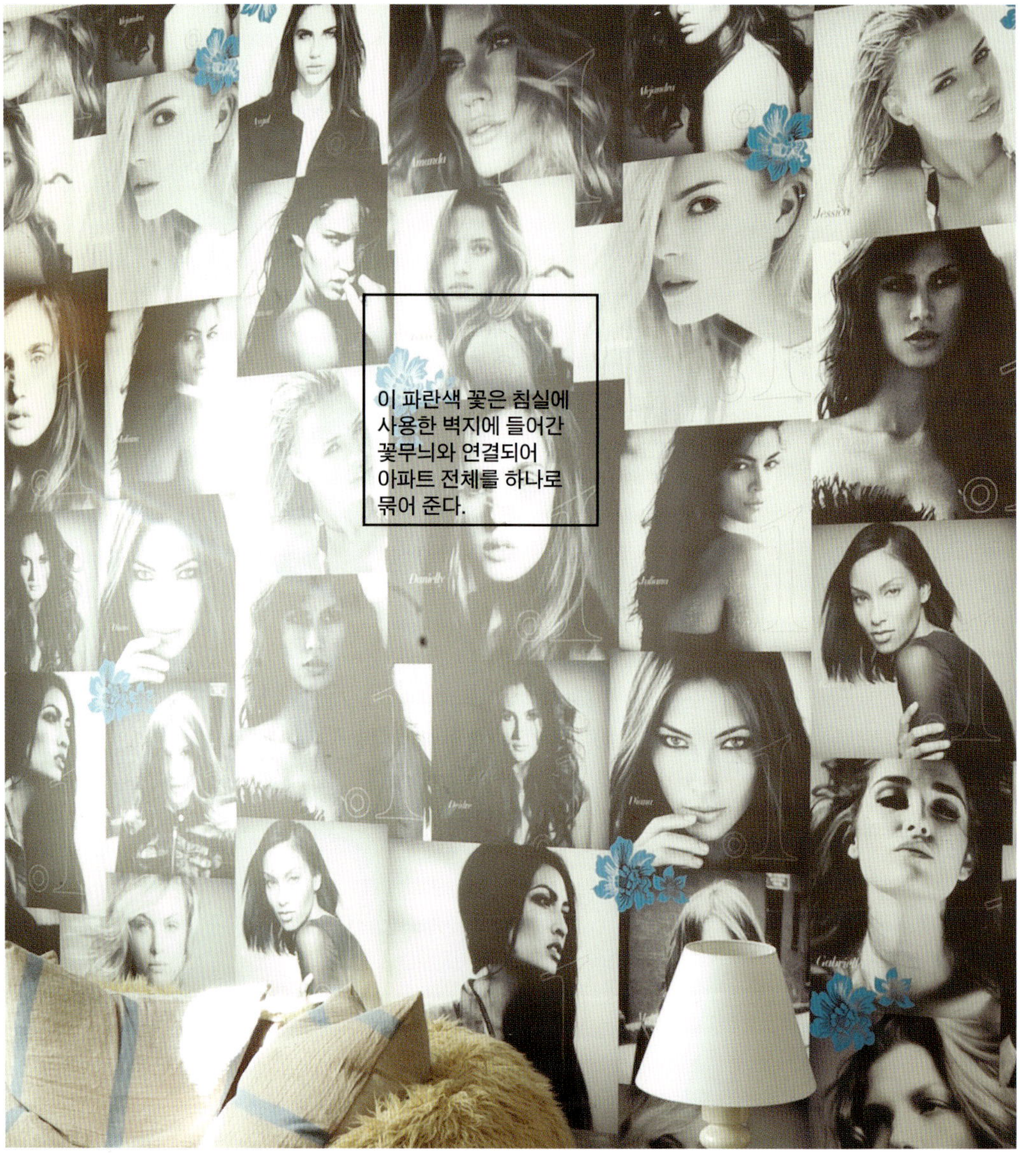

이 파란색 꽃은 침실에 사용한 벽지에 들어간 꽃무늬와 연결되어 아파트 전체를 하나로 묶어 준다.

벽지 붙이기는 결코 쉽지 않으므로 전문가에게 맡기는 방법을 고려해 보자.

4단계

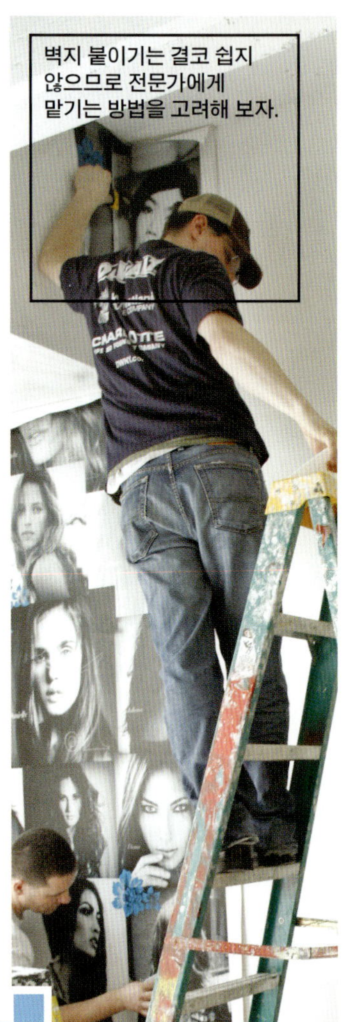

명예의 전당 만들기

흑백 모델 사진을 가득 채운 벽을 만들기 위해 우리는 원 매니지먼트 포트폴리오에서 얼굴 사진을 전부 골라 브루클린에 있는 벽지 주문 제작 업체인 플레이버 페이퍼Flavor Paper에 가져갔다. 이들은 사진을 놀라울 만큼 멋진 벽지로 바꿔 주었다. 색감을 더하기 위해 우리는 전체적으로 선명한 파란색 꽃을 군데군데 넣어 달라고 부탁했다. 우리가 사용한 벽지 세 종류에는 모두 서로 다른 모양의 파란색 꽃이 들어갔으므로 아파트 전체에 통일성을 부여하는 효과도 있었다.

침실에 가구 들여놓기

아파트에는 침실이 두 개였고 두 명이 한 방을 썼다. 하지만 정말 자기 것이라고 부를 공간은 조금도 없었다.

모델들이 이사해서 짐을 풀고 자기 집이라고 느낄 수 있을 정도로 침실을 편안한 공간으로 꾸미는 것이 우리의 목표였다. 우리는 이케아에서 저렴한 침대틀 네 개, 베드 배스 앤드 비욘드Bed Bath and Beyond에서 흰 침대보와 베갯잇, 이불 네 세트를 샀다. 새 침대와 침구는 기숙사 같던 침실을 금세 부티크 호텔 방처럼 바꾸어 놓았다.

또 원래 있던 갈색 서랍장을 없애고 옷장 안에 서랍과 저렴한 수납함을 설치해 아가씨들이 각자 자기 물건을 보관할 개인 공간을 마련해 주었다.

전문가에게 묻다

존 셔먼 Jon Sherman

존 셔먼은 브루클린에 있는 세련된 고급 벽지 디자인 회사인 플레이버 페이버의 창립자이자 수석 디자이너이다. 우리는 존에게 전문가로서 벽지를 활용하는 요령을 알려 달라고 부탁했다.

Q: 벽지의 장점은 무엇인가요?
A: 벽지는 대개 페인트보다 훨씬 극적인 효과를 냅니다. 페인트는 색깔로 분위기를 바꿔 주지만, 벽지는 같은 기능을 할 뿐더러 무늬라는 장점까지 덤으로 지니고 있죠. 실내장식을 할 때 벽지가 아니고서는 정확히 원하는 분위기를 낼 수 없는 경우가 많아요. 벽지만 잘 골라도 놀랍고 흥미로운 공간을 창조할 수 있죠.

Q: 색상과 무늬를 선택하는 요령을 알려주세요.
A: 색상 결정은 개인 취향에 달린 문제예요. 본인이 정말 좋아하고 앞으로도 계속 좋아할 색을 고르는 것이 중요합니다. 또 이미 정한 색상 조합에 있는 색깔을 고르거나 아니면 벽지 색깔을 중심으로 색조를 정하세요. 우리는 항상 은색과 크롬을 사용해 보라고 권합니다. 이런 금속 색상은 방 안에 있는 모든 색깔을 돋보이게 하고, 다른 색 조합으로 실내장식을 할 때에도 벽지를 바꿀 필요가 없죠.

무늬도 개인 취향에 달려 있기는 하지만, 집 전체의 스타일을 반영하는 무늬를 고르는 편이 좋습니다. 무늬 크기에 따라 방 분위기가 완전히 달라지며, 무늬와 색상 사이의 조화도 전체 느낌에 큰 영향을 미치죠. 유행이나 취향이 변하더라도 별로 영향을 받지 않을 무늬를 고르세요. 세월이 흘러도 변치 않으리라 생각되는 무늬를 고르면 쉽게 질리지 않습니다.

'벽지는 대개 페인트보다 훨씬
극적인 효과를 낸다.'

서로 다른 의자
를 섞어 쓰기를
겁내지 말자.
빈티지 깔개는
색상과 따스함,
편안함을 더해 준다.

프로젝트 결과

빈티지와 모던 가구를 적절히 배치하고 조명을 더하자 잠만 자는 곳이던 삭막한 임시 숙소가 아늑한 집으로 바뀌었다. 주문 제작한 벽지는 색감과 따스함, 독특한 개성을 더하는데 매우 좋은 방법이다.

직접 하는 방법

벽지 바르기

프라이머 칠하기

반드시 벽지 전용 프라이머를 써서 초벌칠을 한다. 풀 종류 확인하기

도구 준비하기

작업을 시작하기 전에 필요한 물건을 전부 준비해 둔다. 벽지, 풀, 칼이나 면도날, 스펀지, 자, 붓을 빠짐없이 챙긴다. 그렇지 않으면 붓을 찾으러 다니는 사이 풀이 마르기 시작하는 등의 불행한 사태가 벌어질 수 있다.

깔끔하게 작업하기

벽지를 붙이는 동안 풀을 계속 닦아내도록 하자. 젖은 스펀지로 벽지 표면을 닦아 풀과 기포를 없앤다.

풀 종류 확인하기

벽지는 종류가 다양하고 종류에 따라 사용하는 풀이 다르다. 붙이려는 벽지에 맞는 풀인지 꼭 확인하자.

벽지 재단하기

항상 바닥과 천장 쪽에 여분이 남도록 벽지를 매우 넉넉하게 재단하자. 여분은 벽지를 붙인 다음 잘라내 없앤다.

잠깐! 전문가에게 맡기자

우리도 전에 직접 도배를 시도해 보았지만, 다시는 직접 하지 말자는 호된 교훈을 얻었으므로 잘 고려해 보기 바란다.

빈티지 스탠드 전선 갈기

우선 스탠드는 분해하는 것부터 시작한다. 플로어 스탠드는 대개 나사처럼 홈이 파인 파이프로 연결되어 있다. 먼저 받침 쪽을 돌려 빼내고 다음으로 머리 부분을 빼낸다. 받침 쪽으로 전선을 넣고 파이프 안을 지나 소켓을 넣을 곳까지 통과시킨다. 새 소켓을 제자리에 넣고 작은 와이어 너트로 고정한다. 빨간 전선은 전기가 통하는 선에, 검은 전선은 중성선에 연결한다. 홈이 파인 파이프를 돌려 머리와 받침을 다시 고정해 준다.

비용 분석

	공사비	$5,500.00
	벽지	$3,707.11
	바닥재와 카펫	$900.00
	조명	$2,389.45
	가구	$4,499.74
	전면 거울	$675.00
	침구	$365.54
	전기 작업	$87.05
	미술 작품	$3,816.00
	계	$21,939.89

다양한 색상과
무늬 섞어 쓰는
방식은 신바람
나는 놀이이다.

해변의 콘도
BEACH CONDO

데이브Dave와 키라 배리Kyra Barry 부부는 우리와 십년지기이다. 우리는 뉴저지 롱 브랜치에 있는 그들 소유의 부티크 호텔 '방갈로Bungalow'를 비롯해 그들을 위해 수많은 공간을 디자인했다. 배리 부부는 모든 디자이너가 꿈꾸는 고객이다. 즐거움을 추구하고 모험심이 넘치며 한계를 뛰어넘는 데 거리낌이 없다. 이들은 몇 년 전 방갈로 호텔 바로 옆에 콘도를 샀지만, 실내장식까지는 손대지 못하고 있었다. 이 콘도는 커다란 침실 세 개와 욕실 세 개 그리고 더없이 멋진 바다 전망을 갖춘 집이었다. 배리 부부가 우리에게 작업을 맡아 달라고 부탁했을 때 집 내부는 이들이 처음 이사했을 때와 달라진 점이 하나도 없었다. 어둡고 시대에 뒤떨어진 가구가 베이지색 전면 카펫 위에 드문드문 놓여 있을 뿐이었다. 벽에는 아무것도 걸려 있지 않았고, 실내장식 면에서는 아주 기본적인 것만 갖춰진 상태였다. 휴가용 별장에서 느껴져야 할 분위기와는 완전히 반대로 가구 딸린 임대 아파트 같은 느낌이 났다. 마치 집에 발을 들여놓은 사람의 에너지를 빼앗아 가는 듯한 집이었다. 한 마디로 전망만 멋진 흰색 빈 상자였다.

배리 부부는 이 집이 다채로운 색깔과 활기가 넘치며 스트레스를 해소할 수 있는 곳이 되기를 원했다.

프로젝트를 시작하며

예산

13만 5천 달러

목표

해변에 있는 콘도를 즐겁고 세련되며 색감이 다채로운 가족 휴가용 별장으로 꾸미기

고객 요청사항

1. 곳곳에 색깔 입히기
2. 재미있고 튼튼한 아이들 방
3. 미술 작품
4. 멋진 골동품과 빈티지 가구
5. 새 카펫
6. 모던 및 빈티지 조명

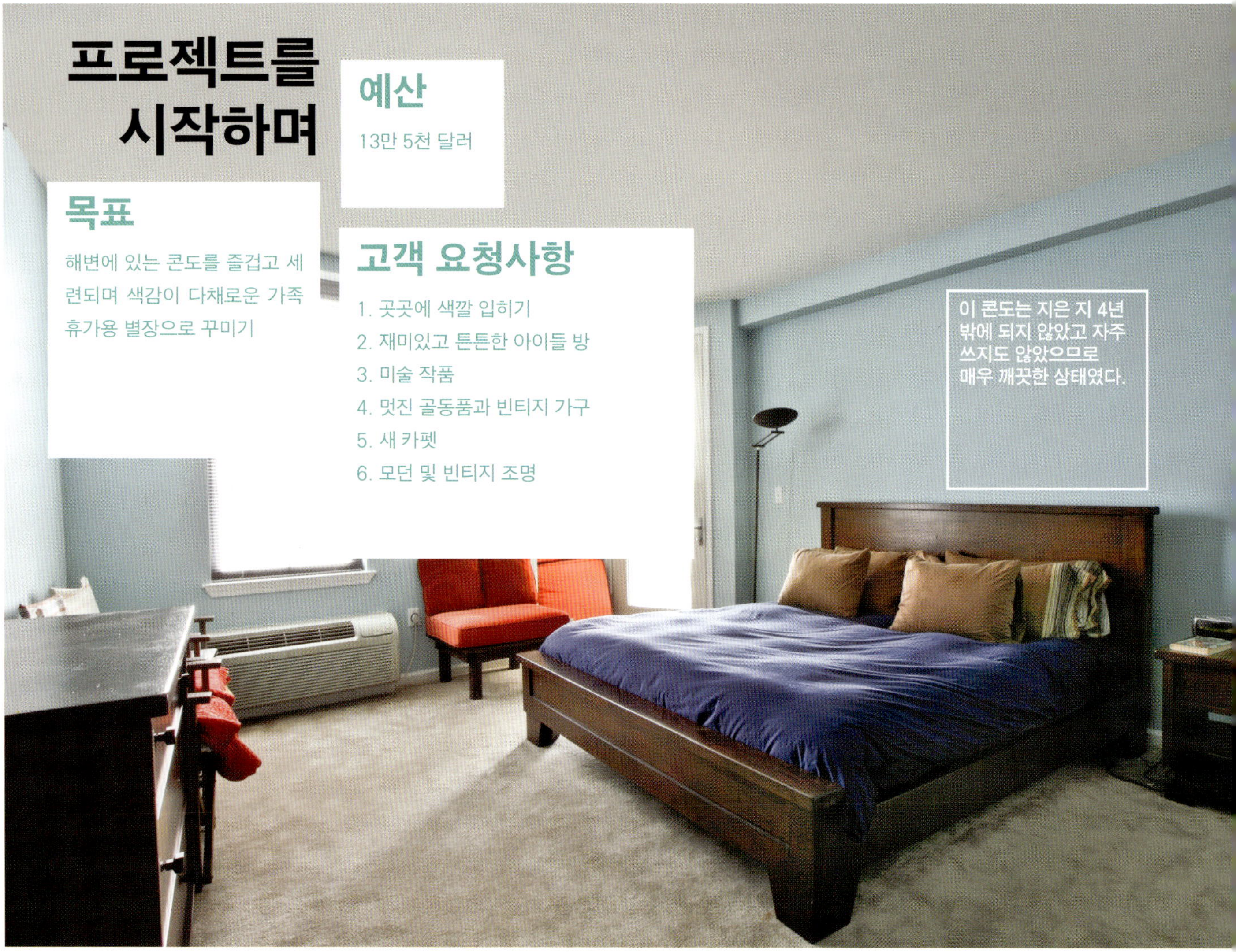

이 콘도는 지은 지 4년밖에 되지 않았고 자주 쓰지도 않았으므로 매우 깨끗한 상태였다.

지나치게 단조롭다.

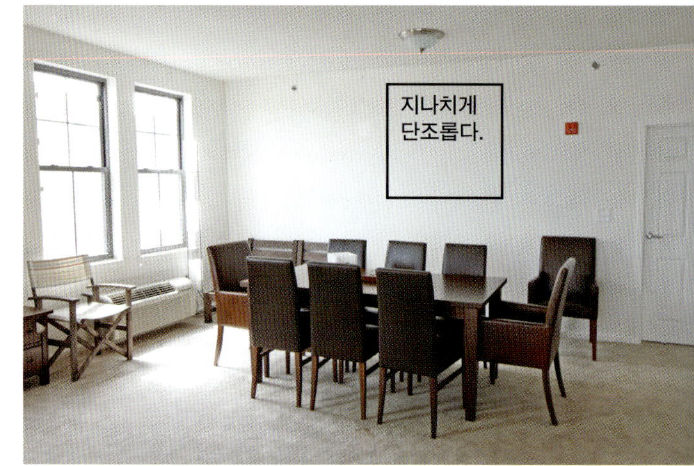

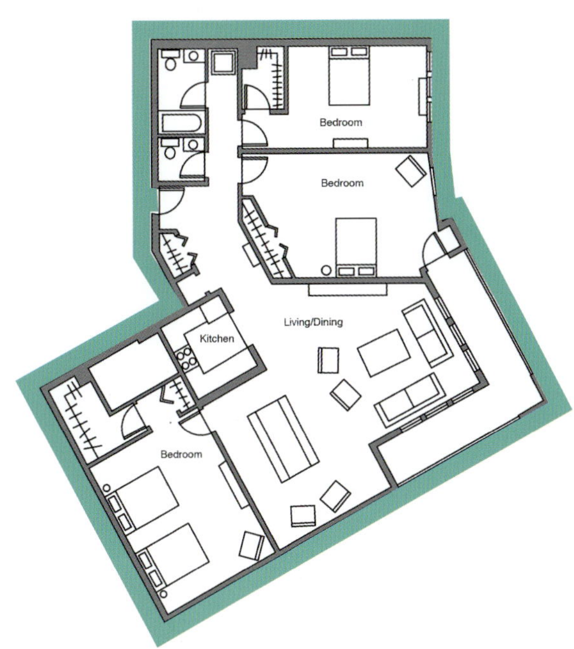

별장을 디자인할 때 가장 좋은 점은 더 큰 위험을 무릅쓰고 대담한 디자인을 선택할 여지가 있다는 것이다. 별장은 기껏해야 일 년에 몇 번 사용하는 공간이지 매일 살아가야 하는 곳이 아니기 때문이다.

우리 목표는 집 구석구석까지 활기차고 화려하며 대담한 색깔을 입히는 것이었다. 마치 〈오즈의 마법사〉에 나오는 장면처럼 흑백 공간을 색깔로 물들이고 싶었다.

카펫 바꾸기

우리의 첫 작업은 베이지색 카펫을 걷어내는 일이었다. 사실 원목마루를 깔고 싶었는데 이 콘도는 조합 주택이라 지켜야 할 규칙이 있었다. 카펫을 깔아 방음 처리를 해야 하는 것인데 전면 카펫을 까는 대신 우리는 색깔과 무늬가 다른 플로어 카펫 타일을 집 전체에 깔았다.

방음 처리를 위해 합판 바닥 위에 코르크를 한 겹 붙이고 그 위에 카펫 타일을 깔았다. 이렇게 하면 바로 카펫 타일을 깔 때보다 바닥이 더 푹신하고 부드러워지는 효과도 있다. 풍부한 색감을 더해 주는 카펫 타일은 우리가 아는 한 전면 카펫을 대신할 최고의 방법이다. 무언가를 쏟거나 얼룩이 지면 타일을 따로따로 떼어내 세탁하거나 새것으로 바꿀 수 있다. 아이나 애완동물이 있다면 아주 유용하다.

벽 장식하기

옛날 팜 비치Palm Beach식 휴양지 분위기를 내고 싶었던 우리는 흑백 무늬의 벽지와 바다색 페인트를 조합해 벽을 마음껏 화려하려 꾸몄다. 사용한 벽지는 트레스 틴타스Tres Tintas에서 나온 '리바이벌 알멘드로Revival Almendro'라는 제품이다. 이 벽지는 우아하고 독특하며 밝은 페인트 색상과 대비되어 눈에 확 띈다. 워낙 무늬가 대담해 좁은 면적으로도 강렬한 인상을 주므로 우리는 식당의 좁은 벽 한 군데와 현관에만 이 벽지를 사용했다.

형식과 기능을 모두 충족하고 싶었던 우리는 창문 장식으로 커튼과 세이드를 조합해 사용했다. 커튼이 공간에 우아함과 세련미를 더하는 한편 셰이드는 해변의 강렬한 햇살을 가리는 역할을 한다.

3단계

현관 꾸미기

현관은 겉옷과 신발을 벗고 열쇠와 가방을 내려놓는 곳인 동시에 집에 들어서는 모든 이를 환영하고 집 전체의 첫인상을 결정하는 장소이기도 하다.

우리는 무거운 콘솔을 치워 버리고 화려한 대리석 탁자를 놓았다. 또 집 전체에 넘치는 색깔의 향연에 일종의 복선 역할을 하도록 탁자 다리를 사포로 갈아내고 바다색 벽과 색깔을 맞추어 고광택 페인트를 칠했다.

예전 현관

이 조명은 현대적인 디스코장 조명처럼 보인다.

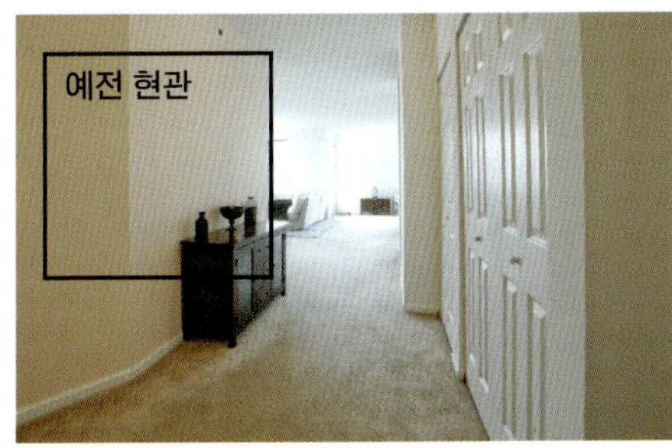

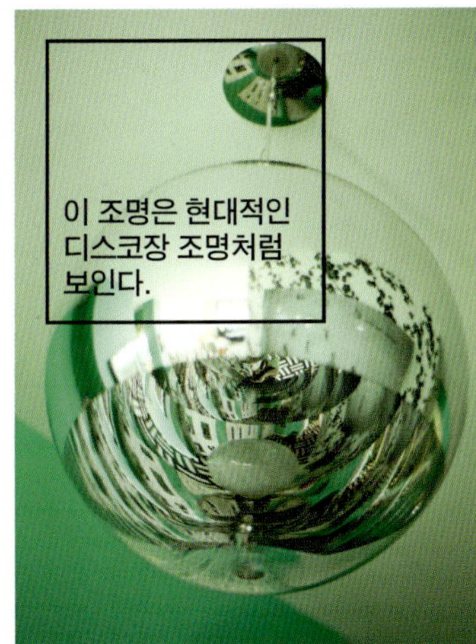

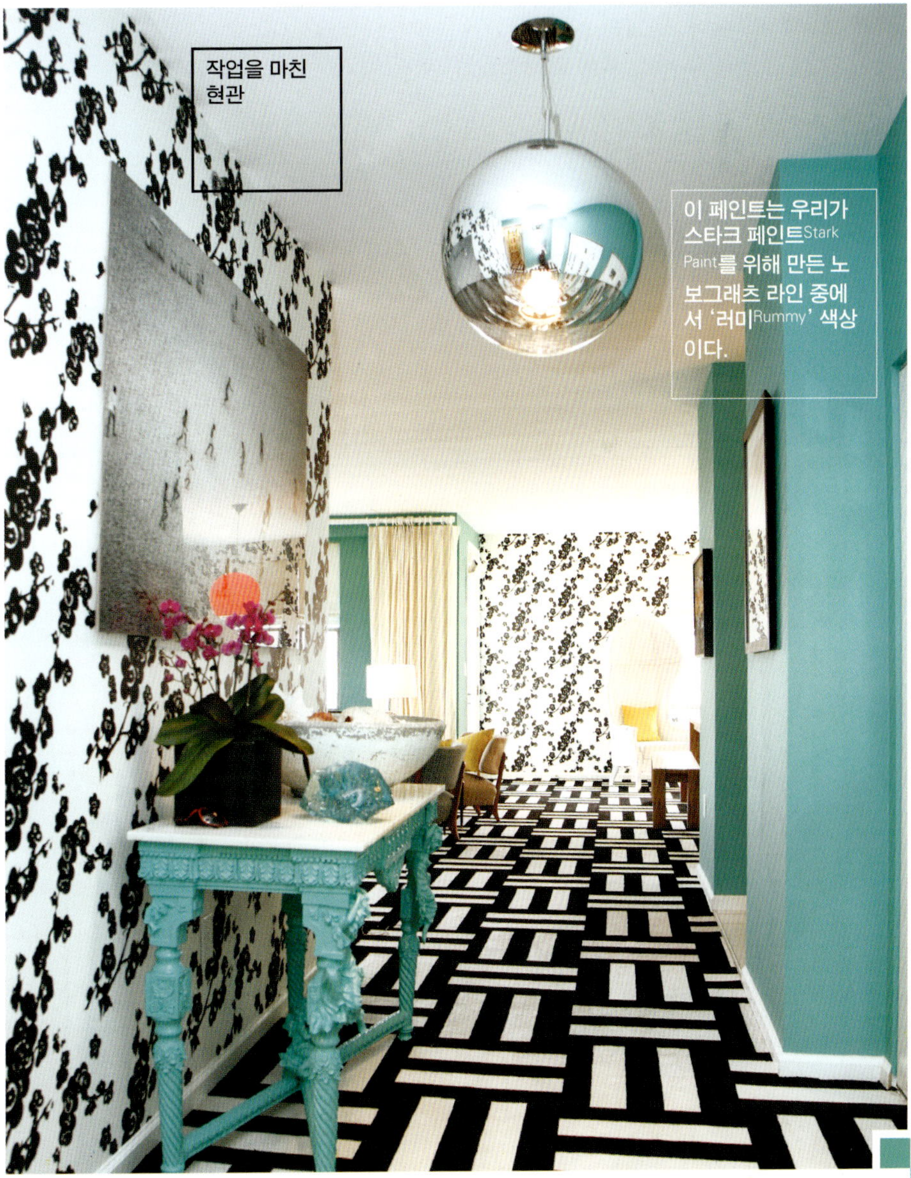
작업을 마친 현관

이 페인트는 우리가 스타크 페인트Stark Paint를 위해 만든 노보그래츠 라인 중에서 '러미Rummy' 색상이다.

거실 장식하기

CB2에서 산 노란색 소파를 빼면 거실에 있는 가구는 전부 빈티지이다. 검정 소파와 커다란 오토만은 뉴욕 허드슨Hudson에 있는 리건 앤드 스미스Regan and Smith 물건이다. 빈티지 가구에는 향수를 자극하는 우아함이 있고, 노란 소파는 색감을 더해 준다. 1950년대 슬리퍼 체어slipper chair(팔걸이가 없는 낮은 의자) 두 개는 맨해튼의 애들레이드에서 구했다. 이 의자들은 다른 가구에 비하면 무난한 편이지만, 잔잔한 색상과 재미있는 형태가 개성 있고 매력적이다. 금색 철사로 만든 작은 탁자는 1960년대의 화려함을 잘 보여 준다.

'CB2에서 산 노란색 소파를 빼면 거실에 있는 가구는 전부 빈티지이다.'

5단계

식당 새로 꾸미기

커다란 목재 '빅 서Big Sur' 식탁과 긴 의자는 크레이트 앤드 배럴 제품이다. 워낙 커서 배리 가족 다섯 명뿐만 아니라 손님까지 몇 명 앉을 수 있다. 긴 의자는 친밀감을 불러일으키는 동시에 더 많은 사람이 앉을 수 있으므로 별장에서 사용하기에 딱 알맞다.

　　예술가 하이디 코디Heidi Cody는 잘 알려진 브랜드나 로고에서 한 글자씩을 따 라이트 박스로 '패밀리'라는 작품을 만들었다. 이 작품은 가족이 주로 모이는 식탁 옆에 특히 잘 어울린다. 우리는 현대적 매력이 넘치고 어떤 공간에든 풍부한 색감과 빛을 더하는 라이트 박스를 즐겨 사용한다.

리비의 침실 새로 단장하기

배리 부부의 열여섯 살 난 딸 리비Livi는 핑크색 방을 원했다. 그래서 우리
는 벽은 물론 바닥과 쿠션, 침대 장식 덮개까지 핑크로 통일하고 침대 머
리맡에는 핑크 가리개를 걸었다.

우리는 이케아에서 저렴한 침대를 산 다음 흰색 침대보를 씌우고 각
종 쿠션과 빈티지 덮개를 얹었다. 침대 위의 가리개는 1970년대에 파코
라반Paco Rabanne이 디자인한 '스페이스 커튼Space Curtain'이라는 작품이다.
예술 작품을 고를 때는 틀에서 벗어나 즐기는 자세가 필요하다.

멋지고
편안한
이 의자는 가에
타노 페세 Gaetano
Pesce 작품이다.

리비가 정말로
핑크를
좋아해서
다행이었다.

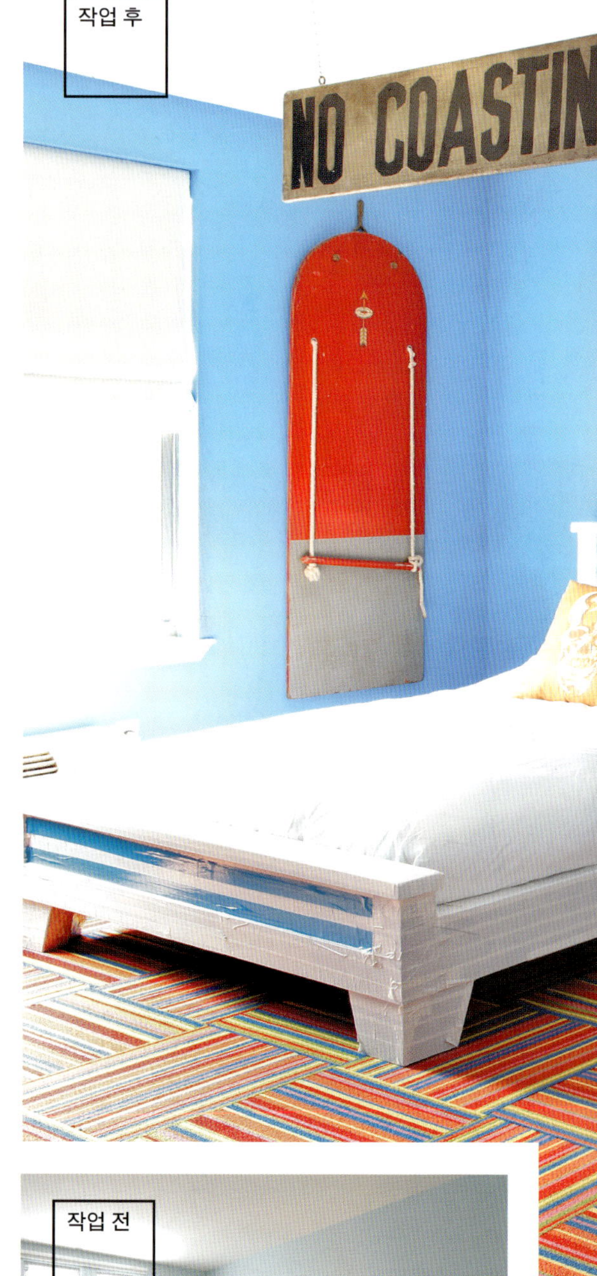

작업 전

마치 1972년의
홀리데이 인
호텔 같다.

제이크와 찰리의 방 새로 꾸미기

배리 부부의 아들인 제이크Jake와 찰리Charlie는 방을 '튼튼하게' 만들어 달라고 했다. 그 덕분에 무겁고 어두운 색의 침대를 버리는 대신 빨강과 파랑, 흰색의 강력 접착테이프로 감자는 아이디어가 떠올랐다. 그 결과 줄무늬가 산뜻하고 특별히 튼튼한 침대 두 개가 생겼다.

이 방에는 다양한 색상을 사용했지만, 파란색 벽과 침대, 카펫 타일이 서로 잘 어우러진다. 빈티지 부기 보드와 '활강 금지' 표지판은 소호에 있는 폴라 루벤슈타인Paula Rubenstein에서 구한 물건이다. 굳이 미술 작품만 걸 필요는 없다. 그림 말고도 수없이 많다. 부기 보드 덕분에 이 방에서는 우리가 원했던 복고풍 해변 분위기가 느껴진다.

'내리막길 활강 금지'
표지판과 빈티지 부기
보드는 맨해튼에 있는
폴라 루벤슈타인에서
찾아냈다.

침대 머리맡에
그림을 거는 것은
침대 주인의 개성을
표현하고 시선을
위로 잡아끄는 데
좋은 방법이다.

이 페인트는
스타크 페인트
노보그래츠 라인
중에서 '벨 에이미
블루Bell Amy Blue'
색상이다.

플로어의 '업스
앤드 다운스Ups
and Downs' 카펫
타일

'데이브와 키라는 우리에게 색깔을 마음껏 쓰라고 말했고,
우리는 기대를 저버리고 싶지 않았다.'

침대 좌우에 똑같은 빈티지 스탠드를 놓았지만 아래 있는 협탁이 서로 달라 재미있는 느낌이 난다.

빈티지 장식 덮개가 무거운 갈색 침대에 포인트를 준다.

플로어의 '레이크 미 오버 Rake Me Over' 카펫 타일

8단계

부부 침실 새로 디자인하기

데이브와 키라는 우리에게 색깔을 마음껏 쓰라고 말했고, 우리는 기대를 저버리고 싶지 않았다. 우리가 고른 노란색 덕분에 이 침실은 아마도 롱 브랜치에서 가장 밝은 방이 되지 않았나 생각한다. 원래 있던 침대는 방의 중심을 잡아 주고 어두운 색이 노란색 벽과 대비되는 점이 마음에 들어 그대로 두기로 했다.

빈티지 선거 포스터는 별로 비싸지 않았지만 나무 액자에 끼우고 나니 매우 멋졌다. 덤으로 우리는 선거 포스터 아래에 커다란 조개껍데기를 놓고 방이 너무 밝아 눈이 부시면 쓰라고 선글라스를 담아 두었다.

프로젝트 결과

때로는 출발 지점과는 극단적으로 다른 결과가 나오기도 한다. 이 집은
너무나 칙칙하고 단조로웠기에 결과적으로 완전히 반대 방향으로 갈 수
밖에 없었다. 우리는 다채로운 색상과 미술품, 가구를 마음껏 활용했지
만 기능 또한 놓치지 않았다.

밝은 주황색
조명 역시
보기만 해도
행복하다.
노란 쿠션은
우리를
행복하게
한다.

직접 하는 방법

페인트 칠하기

색깔 선택하기

페인트 색상을 선택할 때는 조명이 매우 중요한 요소이다. 최종 결정을 내리기 전에 종이나 판자에 페인트를 칠한 다음 햇빛의 변화나 조명에 따라 색상이 어떻게 달라지는지 살펴보자.

특별한 규칙은 없다

선택의 폭은 넓다. 벽에만 페인트를 칠하고 목세공은 흰색으로 남겨도 좋고 벽과 목세공을 같은 색으로 칠해도 되며 벽에는 연한 색, 목세공에는 진한 색을 사용해도 좋다. 어떤 방법을 선택하든 집 안의 벽은 당신만의 캔버스가 된다. 다시 말해 자기 자신과 자신의 생활 방식을 반영해야 한다는 점을 기억하자.

질 좋은 붓 또는 롤러를 사용하자

저렴한 붓은 털이 빠진다. 모가 지나치게 길면 페인트가 너무 많이 묻어 뭉치거나 흘러내릴 수 있다. 손잡이가 긴 롤러는 벽이나 천장을 칠하기 편하다. 롤러를 쓰면 어떤 페인트든 매끈하고 고르게 바를 수 있다.

표면 손질하기

벽 표면을 닦거나 갈거나 벗겨 내는 등 준비 단계에서 필요한 작업은 때에 따라 다르다. 준비 단계에서 얼마나 신경을 썼느냐에 따라 최종 결과가 달라진다. 미리 표면을 씻어내야 한다면 물에 순한 가루 세제를 풀어 사용하자. 액체 세제는 표면에 막을 형성하므로 페인트가 제대로 발리지 않는다.

프라이머 또는 밑칠용 페인트

꼭 필요한 과정은 아니지만 프라이머나 밑칠 페인트를 바르면 색의 강도나 마감 상태, 내구성이 눈에 띄게 달라진다. 이런 작업은 페인트가 잘 달라붙을 수 있도록 표면을 최적화해 준다.

칠과 칠 사이에 사포질하기

전문가들은 더 뛰어난 광택을 내기 위해 한 번 칠하고 나서 덧칠하기 전에 고운 사포(220~320방)로 가볍게 사포질을 한다. 이렇게 하면 페인트가 잘 달라붙고 표면의 흠이 없어진다. 벽과 천장에 작업할 때는 자루 달린 사포를 사용하면 좋다. 사포질이 끝나면 덧칠하기 전에 벽이나 천장, 또는 목세공 표면을 청소기로 밀거나 걸레로 닦아 주어야 한다.

비용 분석

공사비	$15,671.75
벽지	$1,516.25
바닥재와 카펫	$10,441.69
창문 장식	$9,465.08
조명	$4,674.50
가구	$24,340.45
침구	$947.46
미술 작품	$42,394.57
공간 커튼	$3,000.00
장식품	$ 18,467.19
기타	$ 2,106.46
계	**$133,025.40**

남자다움이 물씬
풍기는 집

독신남의 임대 아파트

VILLAGE RAILROAD

우리의 오랜 친구인 데이브 크리산티Dave Crisanti는 뉴욕 이스트 빌리지의 2차대전 전에 지어진 건물에 있는 자신의 임대 아파트 실내장식을 맡아 달라고 우리를 찾아왔다. 침실 세 개, 욕실 하나짜리 이 아파트는 상당히 컸으며 높은 천장과 아름다운 몰딩, 흥미로운 세부 요소를 갖춘 매력적인 집이었다. 널찍하고 흰색으로 칠해진 주요 공간인 침실, 거실, 사무실로 사용하는 두 번째 거실은 모두 가구와 이런저런 물건들로 어수선해 집 분위기나 데이브의 취향에 걸맞지 않은 상태였다. 임대한 집이었기에 데이브는 이 아파트에 너무 많은 시간이나 돈 투자하길 원하지 않았다. 하지만 이 집이 아무렇게나 고른 가구와 미술 작품 몇 개, 수많은 잡동사니로 채워진 임시 거처로 느껴지는 원인은 바로 그런 생각에 있었다.

우리는 공간의 용도를 새로 정의해 데이브에게 '진짜' 거실과 식당, 새 침실을 만들어 주려는 계획을 세웠다. 쓸데없는 가구나 물건은 전부 치우고 이 아파트를 진짜 집으로 바꾸는 것이 목표였다.

프로젝트를 시작하며

목표

임대 아파트를 진짜 집으로 변신시키기

예산

1만 4천 달러

고객 요청사항

1. 새로 페인트 칠하기
2. 식당
3. 원래 있던 골동품 적절히 활용하기
4. 개인 취향 반영하기
5. 방의 용도 바꾸기

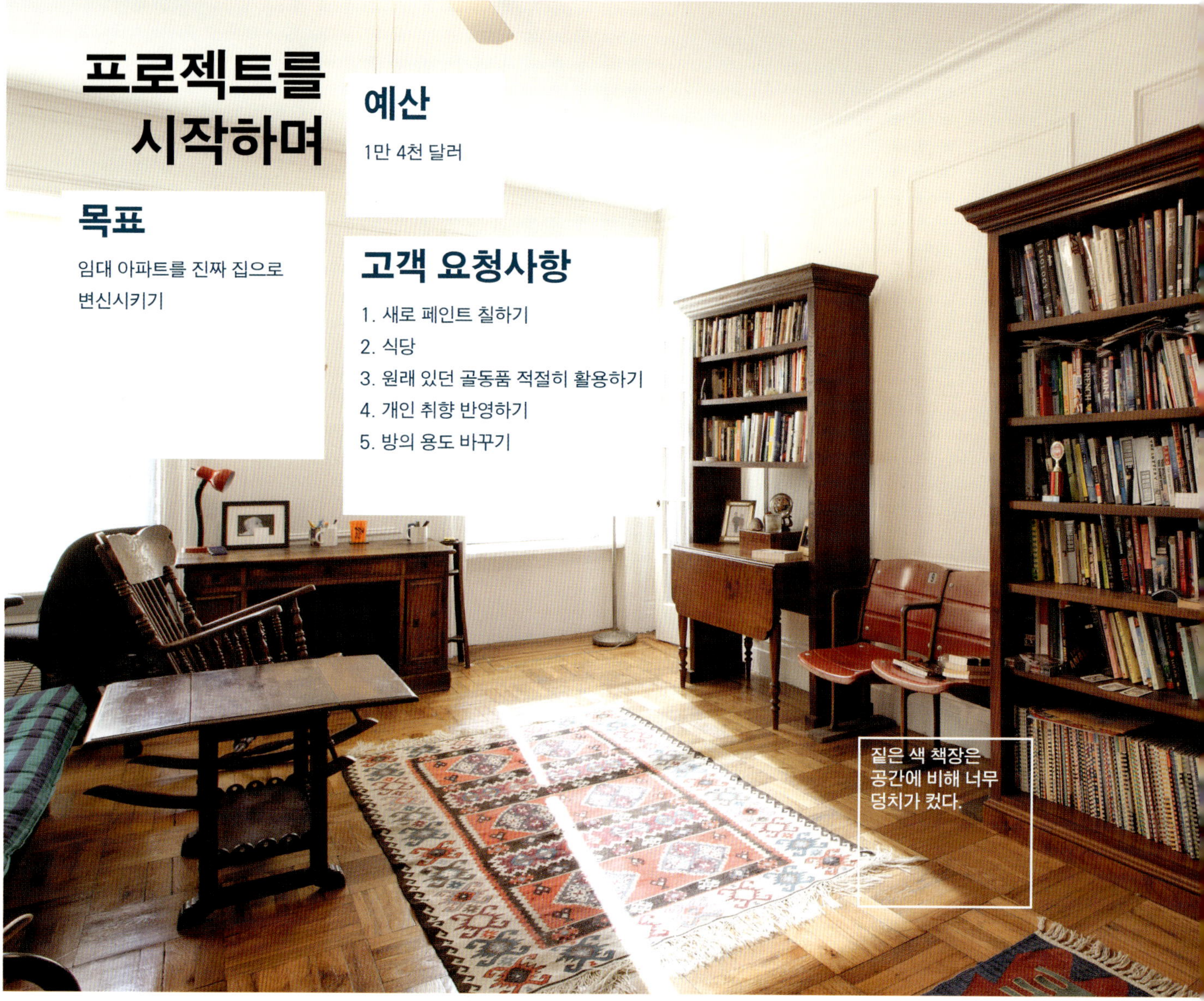

짙은 색 책장은 공간에 비해 너무 덩치가 컸다.

'사람이 머물러 사는 곳이라면 어디든 당연히 집처럼 느껴져야 한다. 기간이 아주 짧더라도 마찬가지다.'

전선은 발이 걸려 넘어질 위험이 있다.

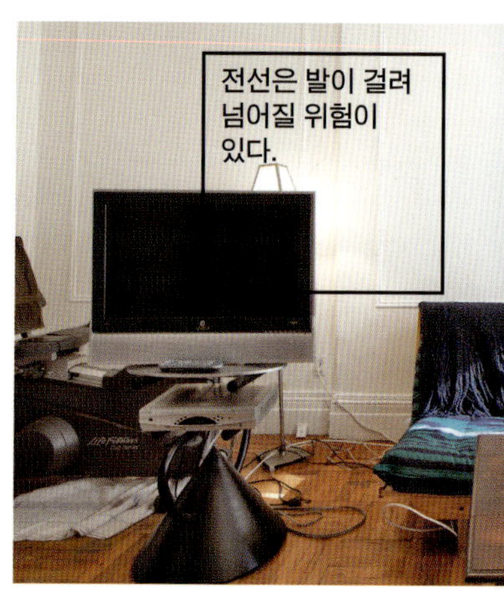

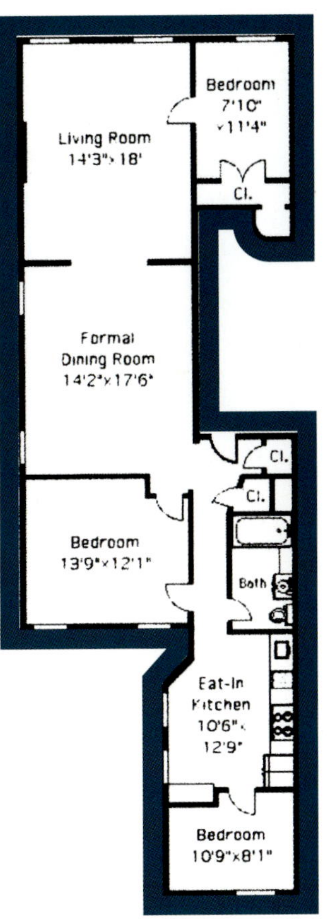

사람들은 종종 임대한 집에 얼마나 오래 살게 될지도 모르는 상태에서 너무 정을 붙이거나 돈을 들이고 싶지 않다는 말을 하지만, 사실 생각한 것보다 훨씬 오래 머무르게 되는 경우가 대부분이다. 사람이 머물러 사는 곳이라면 어디든 당연히 집처럼 느껴져야 한다. 기간이 아주 짧더라도 마찬가지다.

1단계
새로 페인트 칠하기

이 아파트에는 2차대전 이전 건물 특유의 몰딩과 굽도리 널 등 아름다운 건축적 세부 요소가 가득했지만, 새하얀 벽 색깔 탓에 이런 세공이 잘 보이지 않았다. 우리는 세 방을 각각 다른 색상으로 칠해 공간을 정의하고 이 집을 독특하고 특별한 곳으로 만들어 주는 요소를 강조했다.

주 침실에서는 침대 뒤편 벽을 짙은 녹색으로 칠하고 방이 밝고 넓어 보이도록 나머지 세 벽은 흰색으로 남겨 두었다. 자연히 포인트 월이 된 녹색 벽은 새로 들인 빈티지 침대를 돋보이게 하는 동시에 미술 작품을 걸기에 좋은 배경이 되었다.

식사 공간 겸 바가 될 가운데 방에는 우리가 원하는 20세기 중반 모던 스타일에 어울리는 우아한 색깔인 연회색을 칠했다. 거실은 넓고 채광이 무척 좋았으므로 짙은 청색으로 칠하는 모험을 시도할 수 있었다.

거실 디자인하기

두 번째 거실은 사무실 겸 TV 보는 곳으로 사용되고 있었다. 가구는 공간에 어울리지 않았고 TV에서는 전선이 튀어나와 있었으며 사방에 잡동사니가 가득했다.

책상은 그대로 써도 문제가 없었지만 검은 사무용 의자는 마치 1980년대 회의실에서 훔쳐온 물건 같았기에 치워 버렸다. 또 책상 위에 있던 잡동사니도 치운 다음 연필꽂이와 꽃병, 말머리 모양 북엔드 등 빈티지 소품을 장식했다. 데이브는 오랫동안 세계 곳곳에서 골동품 양탄자를 수집했고, 우리는 그 가운데 가장 독특한 것 다섯 장을 골라 조금씩 겹치도록 깔아서 커다란 양탄자 한 장처럼 보이게 했다.

우리는 기존 가구를 없애고 회색과 흰색 줄무늬 소파와 클럽 체어를 들여놓았다. 소파의 앉는 부분은 벽에 칠한 페인트와 똑같은 청색으로 천갈이를 했다.

'이 아파트에는 아름다운
몰딩이 되어 있었다.'

식사 공간과 바 설계하기

이 방은 원래 '주 거실'이었던 곳이지만, 두 거실 중 한 군데에는 제대로
된 식사 공간을 마련할 필요가 있었다. 가운데 방이 주방에서 더 가까웠
으므로 우리는 이곳에 식사 공간과 바를 두기로 했다.

　　데이브의 식탁은 이 방에 완벽히 어울렸다. 금속제 의자는 팜비치에
있는 골동품 상점에서 온 물건이다. 우리는 몇 달 전 여행 중에 발견한 이
의자를 제대로 활용할 기회가 오기를 기다려 왔다. 식탁 반대편 벽에는
바와 앉을 공간을 만들었다. 원래 데이브 물건인 골동품 사물함은 어수선
하게 놓인 다른 가구에 묻혀 빛을 발하지 못하고 있었다. 하지만 용도를
바꾸고 클럽 체어 사이에 놓자 훨씬 눈에 잘 띄고 가치 있어 보였다.

골동품 장식장은
데이브가 수집한
콘서트 표를
전시하기에
그만이다.

이 아파트에 칠한
페인트 중 가장 연한
이 색깔은 가운데 방에
완벽히 어울린다.

익지비션 A에서
구매한 레오 피츠패
트릭Leo Fitzpatrick의
작품은 바 공간을
명확히 정의해 준다.

작업 전
이 1950년대
샹들리에는 브루클린
에 있는 빈티지 상점
홀러 앤드 스콜Holler and
Squall에서 찾았다.
색감 넘치는 이
그림은 마크 데니스
Marc Dennis 작품이다.
우리는
이 빈티지 의자를
천갈이 하여
식탁에 활기를
주었다.

4단계
주 침실 디자인하기

데이브의 침실은 완전히 바꿀 필요가 있었다. 나무 침대는 싸구려였으며 프랑스식 문은 어울리지 않는 태피스트리로 덮여 있었고 철제 선반에는 옷가지가 넘칠 듯 쌓여 있었다.

오클라호마에서 작업하던 중 우리는 빈티지 침대 하나를 발견하고 홀딱 반했다. 게다가 믿을 수 없을 만큼 값이 쌌으므로 우리는 언젠가 다른 프로젝트에서 사용하리라 생각하고 침대를 집으로 가져왔다. 데이브의 침실이야말로 이 침대가 딱 어울리는 곳이었다. 원래 있던 침구는 ABC 카펫 앤드 홈에서 산 고급 침대보와 베개, 이불로 바꾸었다. 훌륭한 침구는 어떤 침대든 편안한 안식처로 변신시켜 준다.

공간을 더 확보하기 위해 우리는 침대를 녹색 벽 가운데에 맞춰 창문 가까이 옮기고 배치를 바꾸었다. 이렇게 하자 철제 선반을 치우고 옷장을 놓을 자리가 생겼다. 또 닳아빠진 흰색 커튼 대신 저렴하고 단순한 짙은 색 커튼을 달아 질감과 남성적 느낌을 살렸다.

짙은 색 페인트
덕분에 몰딩과 세부
요소가 돋보인다.

레이스 패널 커튼은
프랑스식 문을 돋보
이게 하는 동시에
매우 남성적인 방에
부드러운 느낌을
살짝 더한다.

옷장은 CB2 제
품이다.

'우리는 침대를 창문 가까이
옮겨 배치를 바꾸었다.'

독신남의 임대 아파트

프로젝트 결과

주요 공간 세 곳에 각각 명확한 목적을 부여하고 색깔과 미술 작품, 조명과 가구로 개성을 더함으로써 우리는 집 전체의 동선을 개선하고 임대 아파트를 오래도록 살 집 같은 느낌이 나는 공간으로 바꾸는 데 성공했다.

대담한
벽 색깔은 남성
적이면서도
따스하다.

이 저렴한 창문
장식(베드 배스 앤드
비욘드 제품)은 임대
아파트에 딱 알맞다.

가죽으로 된
빈티지 임스Eames
사무용 의자는
크레이그리스트에서
찾은 물건이다.

격자무늬는
남성적 느낌을
준다.

직접 하는 방법

양탄자 겹쳐 깔기

양탄자는 많지만 깔 공간이 충분하지 않다면 각 양탄자에서 가장 멋진 부분만 보이도록 겹쳐 보자.

양탄자의 느낌과 배치가 마음에 들 때까지 이리저리 시도해 보자. 완벽한 사각형이 되도록 줄을 맞출 필요는 없다는 점을 기억하자.

양탄자 수가 적고 덮을 공간이 넓다면 90도 각도를 유지하고 데이브의 거실에서 우리가 한 것처럼 양탄자 사이에 바닥이 보이지 않도록 깔면 된다.

얼룩진 곳이 있지만 여전히 마음에 드는 양탄자가 있다면 겹쳐 깔기는 훌륭한 해결책이 된다.

비용 분석

	공사비	$2,692.00
	창문 장식	$758.70
	조명	$2,133.18
	가구	$1,668.95
	원단 및 천갈이	$1,988.00
	침구	$666.22
	미술 작품	$3,450.72
	장식품	$1,626.15
	계	$14,983.92

셰인
에이버리
시에나

세쌍둥이의 방
TRIPLETS' BEDROOM

스콧Scott과 코트니 스터닉Courtney Sternick 부부가 세쌍둥이의 방을 다시 꾸며줄 수 있느냐고 물었을 때 우리는 신이 나서 제안을 받아들였다. 뉴욕에 있는 스터닉 가족의 침실 두 개짜리 아파트에 도착해 살펴보니 세 살배기 쌍둥이(여자아이 둘, 남자아이 하나)는 수납공간도 거의 없는 작고 어수선한 방 하나를 함께 쓰고 있었다. 기숙사처럼 나란히 놓인 침대가 바닥 공간을 거의 몽땅 차지했고, 그나마 남은 공간은 장난감으로 뒤덮여 있었다. 코트니는 여자아이와 남자아이에게 모두 어울리도록 방을 진한 핑크와 선명한 파랑으로 꾸몄지만, 이 색깔 탓에 방이 더 좁고 답답해 보였다. 이 방에는 아이들이 앉아서 놀고 그림을 그리고 책을 읽을 공간은 고사하고 발 디딜 틈도 없었다.

우리가 할 일은 이 방을 더 정돈되고 기능적인 공간으로 바꾸는 것이었다. 아이가 일곱인 우리 부부에게 딱 맞는 과제였다. 커다란 타운하우스나 작은 아파트 등 어떤 집에 살 때에도 우리 아이들은 방을 함께 썼다. 우리는 항상 이 점을 긍정적으로 생각했다. 아이들은 방을 함께 쓰며 공유하고 타협하는

프로젝트를 시작하며

목표

17제곱미터(5평)짜리
방 안에 세 아이가 각자 쓸
잠자리와 책상, 놀이 공간
마련하기

벽 공간을 전혀
활용하지 못하고
있었다.

예산

1만 5천 달러

고객 요청사항

1. 새 잠자리
2. 세 아이가 각자 쓸 작업 공간
3. 추가 수납공간
4. 중성적 분위기
5. 천장에 다는 조명

번갈아 사용한
두 가지 색 탓에
어둡고 산만하며
엉성한 느낌이
들었다.

'아이들에게는 잘 가지고 놀지 않는 장난감이 너무 많았다.'

훌치기염색이 어울리는 곳은 거의 없다고 봐도 좋다.

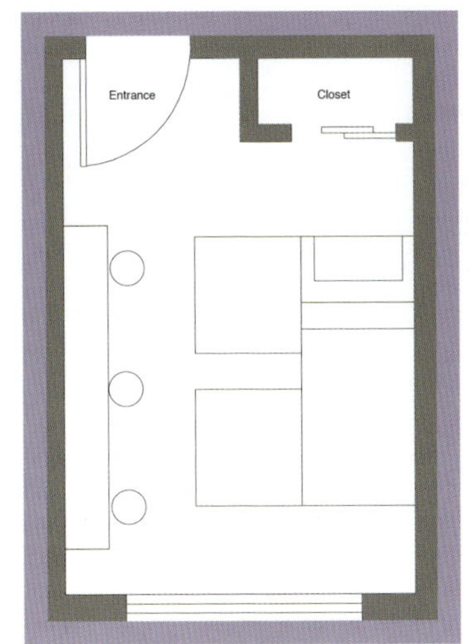

법을 배웠기 때문이다. 임시 거처에서 지낼 때는 여섯 달 동안 아이 여섯이 작은 방 하나를 같이 쓴 적도 있었다. 물론 비좁았지만 나름 아늑한 방이었고, 아이들은 서로 훨씬 가까워졌다. 또 덕분에 우리는 앞으로 작업할 프로젝트에 써먹을 좋은 아이디어를 잔뜩 얻었고 작은 공간에 다양한 기능을 집어넣는 과제를 즐기게 되었다.

세 아이가 방 하나를 함께 쓰도록 하면 아이들이 집 전체에 흩어져 놀지 않으므로 부모가 훨씬 편하다는 장점이 있으며, 아이들이 세 살일 때는 더 말할 것도 없다. 아이들이 방 안에서 함께 노는 동안 부모 한 명이 세 아이를 한꺼번에 돌볼 수 있다. 하지만 여전히 개인 공간은 꼭 필요하다. 우리는 아이들이 함께 놀 공간을 만들되 책상과 침대는 따로 쓸 수 있도록 해 주려는 계획을 세웠다.

처음으로 해야 할 일은 방 정리였다. 아이들에게는 잘 가지고 놀지 않는 장난감이 너무 많았다. 부모들이 대개 그렇듯 스콧과 코트니는 장난감 수를 줄이는 데 애를 먹고 있었다. 하지만 사실 아이들은 그렇게 많은 장난감이 필요 없고, 또 금세 질리기도 한다. 우리는 아이들이 두 달 이상 가지고 놀지 않은 것은 전부 치워 버리라고 조언했다.

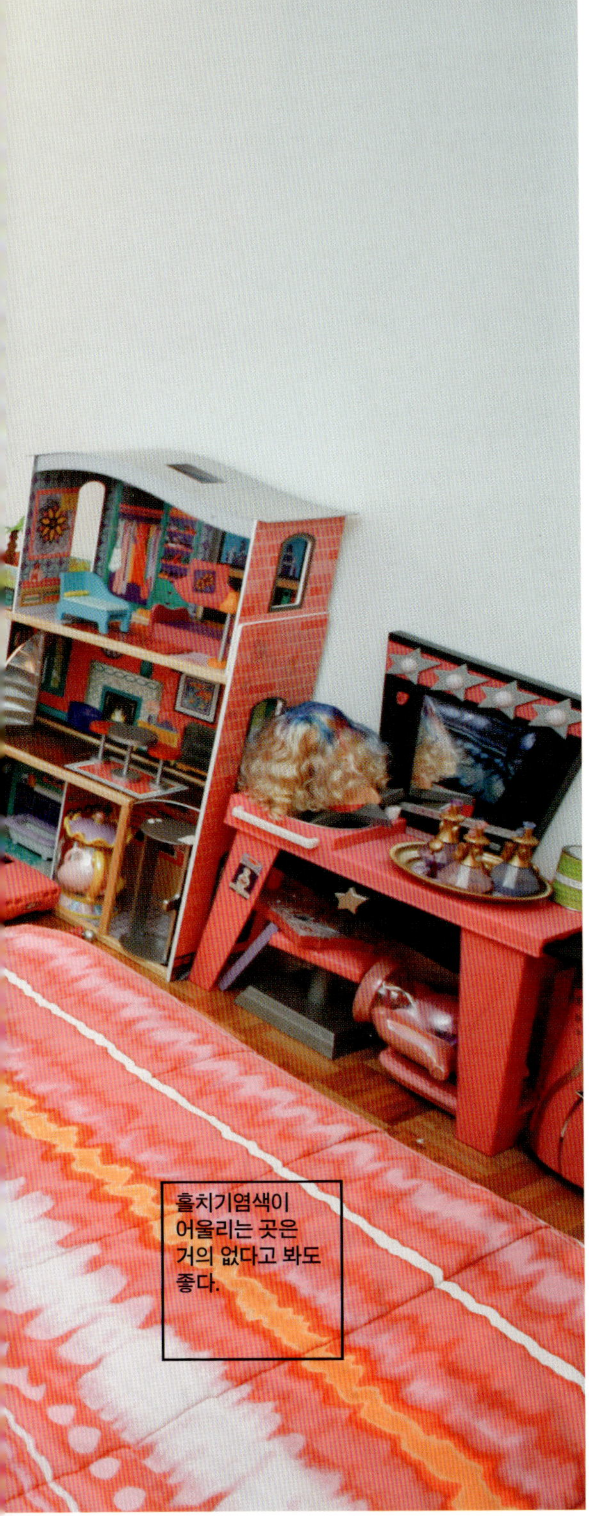

새 잠자리 설계하기

우리는 아이들에게 개인 공간을 주는 동시에 최대한 자리를 적게 차지하는 잠자리를 만들어 주고 싶었다. 아래에 침대 두 개와 가운데 발 디딜 공간을 넣을 수 있도록 긴 모양으로 맞춤 설계한 2층 침대가 이 과제를 멋지게 해결했다. 기존 침대틀 두 개와 매트리스 세 개를 그대로 쓸 수 있다는 장점도 있었다. 아래쪽 침대에는 수납공간이 있었고, 침대 옆면의 사다리는 방 안에 정글짐이 있는 듯한 기분을 느낄 수 있었다.

진한 핑크와 파란색의 침구와 커튼은 오히려 좁고 어수선해 보였다. 그래서 생기 넘치는 색깔을 골라 각 침대에 독특한 개성을 부여했다.

전문가에게 묻다

팀 지니 Tim Geany

사진작가 팀 지니는 아이들 사진 찍는 요령을 몇 가지 가르쳐 주었다.

- 항상 특별한 순간을 놓치지 않도록 주의를 기울이세요. 아름다운 조명 아래서 아이가 자연스레 무언가에 열중하고 있다면 우리가 해야 할 일은 그 순간을 기록하는 것뿐입니다.

- 아이에게 웃으라고 말하지 마세요. 웃기를 바란다면 웃음을 이끌어 내면 됩니다. 하지만 꼭 피사체가 웃어야만 좋은 사진이 되는 것은 아니라는 점을 기억하세요.

- 아이가 무언가를 하거나 친구 또는 애완동물과 노느라 카메라가 있다는 사실을 잊으면 좋은 사진을 찍기 쉽습니다. 아이가 무언가에 열중하도록 유도해 보세요.

- 배경은 단순한 편이 좋습니다.

- 조리개를 조절해 초점 심도를 맞추는 법을 익히세요.

- 셔터 속도가 빠르면 동작이 정지한 듯 보이고 느리면 피사체가 흐려집니다.

- 플래시는 조명을 확보할 다른 방법이 전혀 없을 때에만 사용하세요.

- ISO(감도)를 높여 촬영하세요.

- 사진을 전시했을 때 일관성이 생기도록 자신만의 스타일을 찾으세요. 특별한 테두리를 두를 수도 있고 흑백으로 또는 색 포화도를 낮추어 찍을 수도 있습니다. 멋진 작품을 만들기 위해 시도해볼 만한 효과는 수없이 많습니다.

2단계

개인 작업 공간 세 개 마련하기

아이들은 함께 놀기를 좋아하지만, 각자 자기만의 책상도 필요했다. 공간이 극히 제한되어 있었으므로 가장 좋은 해결책은 세 부분으로 나뉘는 긴 책상을 맞춤 제작하고 책상 아래에 쏙 들어가는 스툴을 세 개 놓는 것이었다. 각 책상에는 수납공간이 딸려 있었고 아이들은 각자 어떤 자리를 쓰고 싶은지 직접 골랐다.

3단계

벽 장식하기

페인트를 다시 칠하는 대신 우리는 원래 있던 하늘색 벽에 스티커를 붙여 벽지를 맞춤 제작한 효과를 내기로 했다. 블리크Blik 제품인 동그라미 스티커는 16가지 색상으로 출시되며 빠르고 쉽게 붙일 수 있다. 또 우리는 책상 위에 아이들 사진으로 콜라주를 만들 생각으로 사진작가 팀 지니에게 촬영을 부탁했다. 하지만 촬영한 사진을 본 스터닉 부부와 우리는 모두 사진 한 장에 완전히 반해 이 사진으로 벽 전체를 덮기로 했다.

물방울무늬를 싫어하는 아이도 있을까?

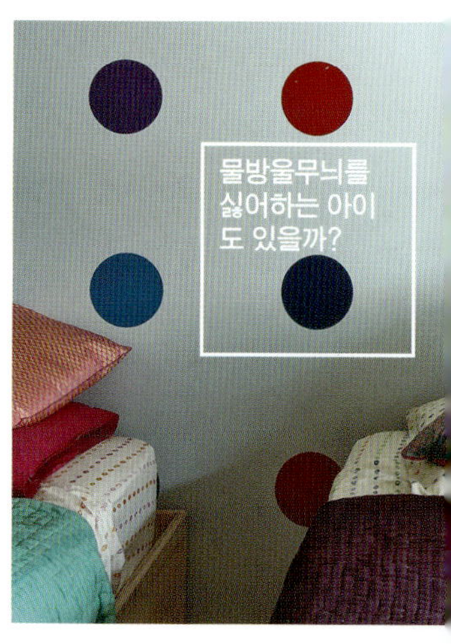

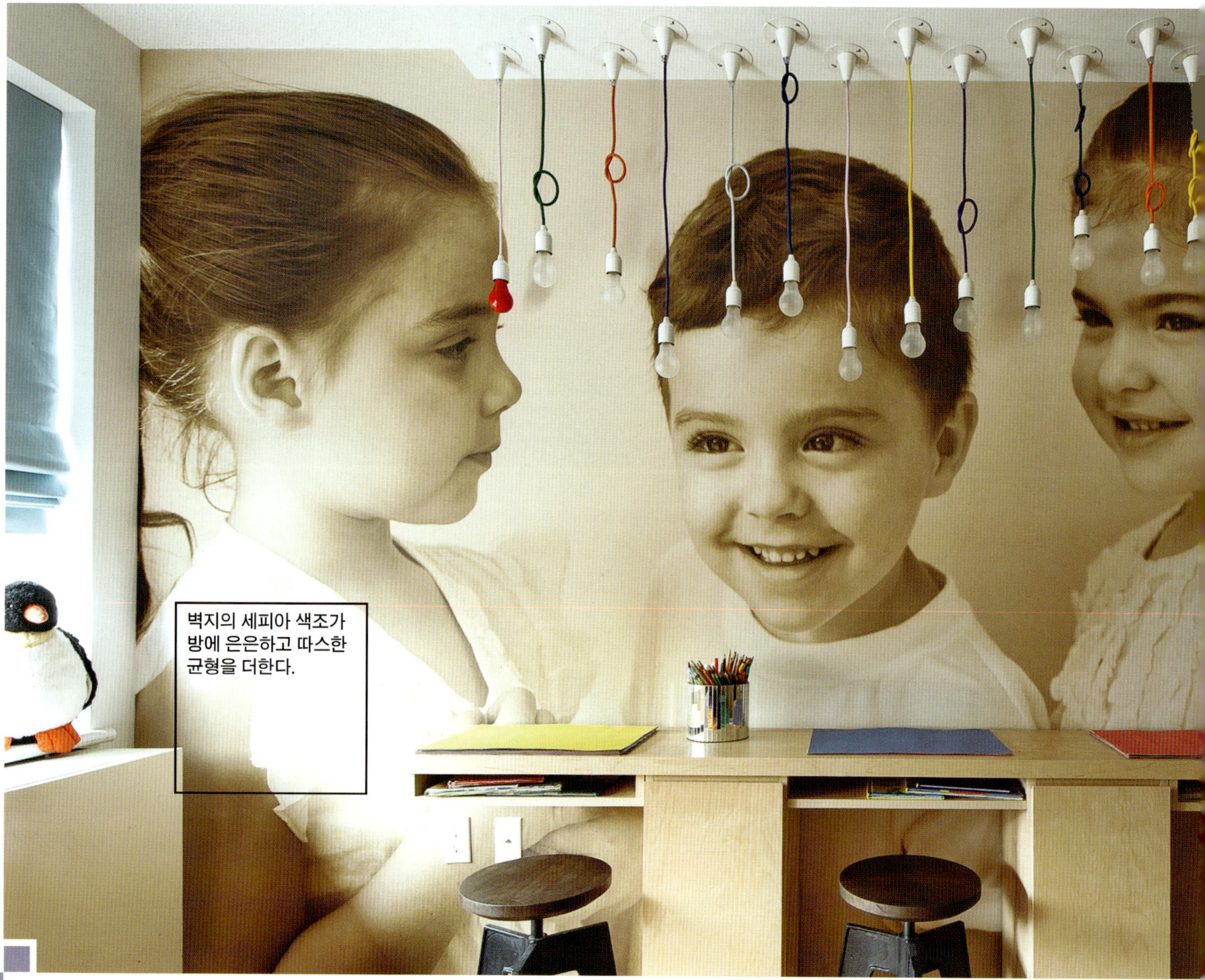

벽지의 세피아 색조가 방에 은은하고 따스한 균형을 더한다.

예술가 녹스 마틴
Knox Martin이
그린 이 작품은
색감과 생기가
넘쳐 아이들 방에
잘 어울린다.

'동그라미 스티커는
16가지 색상으로 출시된다.'

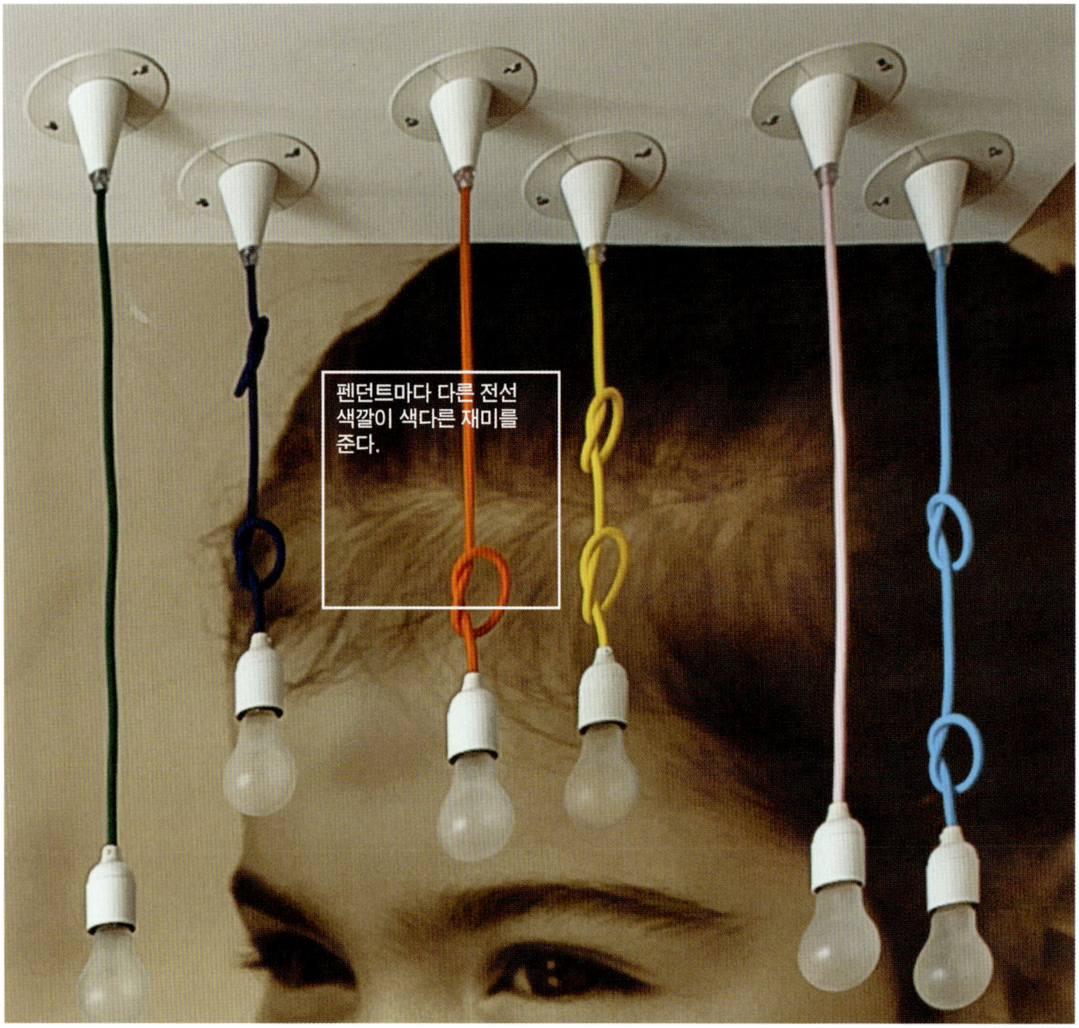

4단계

조명 새로 설치하기

이 방 천장에는 조명이 꼭 필요했지만, 임대 아파트인 관계로 천장에 구멍을 뚫어 선을 연결할 수는 없었다. 우리는 배선을 가리고 조명을 고정할 수 있도록 작은 이중 천장을 만들어 문제를 해결했다. 다양한 색깔의 NUD 펜던트 조명은 책상 영역에 충분한 빛을 제공할뿐더러 방 전체를 밝혀 준다. 우리는 일부 전선을 느슨하게 매듭지어 조명 길이를 다양하게 조정하고 공간에 재미를 더했다.

'다양한 색깔의 NUD 펜던트 조명이
책상 영역에 충분한 빛을 제공한다.'

프로젝트 결과
새 침대와 책상은 놀이와 작업, 수납 기능을 제공하는 동시에 방 전체를 훨씬 깔끔하고 정돈된 분위기로 바꾸어 놓았다. 공간이 좁을 때는 모든 것을 간소화할 필요가 있지만, 색감과 재미를 포기할 필요는 전혀 없다.
벽의 하늘색 페인트를 그대로 두고 침대틀 두 개와 매트리스 세 개를 다시 사용함으로써 예산을 절약할 수 있었다.
장난감을 전부 치울 수는 없었으므로 아래층 침대 두 개 밑에 있는 수납공간을 활용했다.

자연스러움이 최고다.
사진 촬영을 할 때
아이들에게
늘 입던 옷을 입히자.
그래야 아이들이 훨씬
편안하고 즐겁게
촬영할 수 있다.

직접 하는 방법

월 스티커 붙이기

디자인 고르기

공간에 잘 어울리는 디자인을 골라야 하며 이번 작업의 물방울무늬는 생각보다 크기가 클 수 있다는 점을 잊지 말자.

월 스티커 붙이기

스티커 사이의 간격과 스티커를 붙일 영역을 정한다.

격자 그리기

우리는 천장에서 30센티미터 떨어진 벽 꼭대기에서 시작해 30센티미터마다 연필로 작게 표시를 했다.

스티커 붙이기

스티커가 격자의 사각형 가운데 위치하도록 붙인다. 잘못 붙이면 언제든 떼어서 다시 붙일 수 있다.

사진 한 장으로 벽지 만들기

치수 재기
벽지를 붙일 영역의 넓이를 잰다.

사진 고르기
오래된 사진을 사용하고 싶다면 사진 자체보다는 필름을 스캔하는 편이 훨씬 좋다. 이렇게 하면 더 나은 품질의 고해상도 이미지를 얻을 수 있다. 실제 사용할 크기로 확대했을 때 150dpi(모니터 등의 디스플레이나 프린터의 해상도 단위로 화면 1인치당 몇 개의 도트(점)이 들어가는지를 말함.)는 되어야 한다.

벽지 주문하기
주변이나 온라인에서 벽지 인쇄를 해 주는 업체를 찾는다. 업체에 벽지를 붙이고 싶은 영역의 정확한 치수를 알려 주도록 하자.

일반 벽지와 똑같이 붙인다

비용 분석

	공사비	$2,678.00
	사진 벽지	$2,017.00
	월 스티커	$270.00
	창문 장식	$1,014.40
	조명	$832.65
	목공 주문 제작	$3,000.00
	스툴	$490.65
	침구	$1,216.61
	쿠션	$500.20
	미술 작품	GIFT
	계	$12,019.51

8
U
N
W
로비는 최고의
모습으로 깊은
인상을 주어야
하는 곳
G
O
L
8

부티크 호텔
BOUTIQUE HOTEL

2008년 개발업자이자 우리에게 여러 프로젝트를 맡겼던 오랜 고객 데이브 배리Dave Barry는 우리에게
뉴욕 남쪽으로 약 90킬로미터 떨어진 뉴저지 롱 브랜치에 지을 넓이 2,320제곱미터(약 700평)에 객
실 24개짜리 부티크 호텔의 실내장식을 맡아 달라고 의뢰했다. 우리는 날아갈 듯 기뻤다. 처음으로
상업 프로젝트를 맡을 기회였고 여태까지 받은 의뢰 중 가장 흥분되는 일이었으며 문자 그대로 우리
가 꿈꾸던 작업이었다. 또 이 호텔은 저지 쇼어Jersey Shore 지역에 처음으로 들어서는 고급 부티크 호텔
이기도 했다.

우리가 현장으로 달려갔을 때는 텅 빈 부지밖에 없는 상태였다. 이 호텔은 기초부터 새로 지을 예정이
었다. 데이브는 객실과 로비, 바를 포함해 모든 공간의 실내장식에 대해 우리에게 전권을 위임했다.
데이브는 서핑을 주제로 한 미술 작품과 나무를 적극적으로 활용하고 센스 있지만 아늑한 로비를 갖
춘, 세련되면서도 느긋한 분위기의 호텔을 원했다.

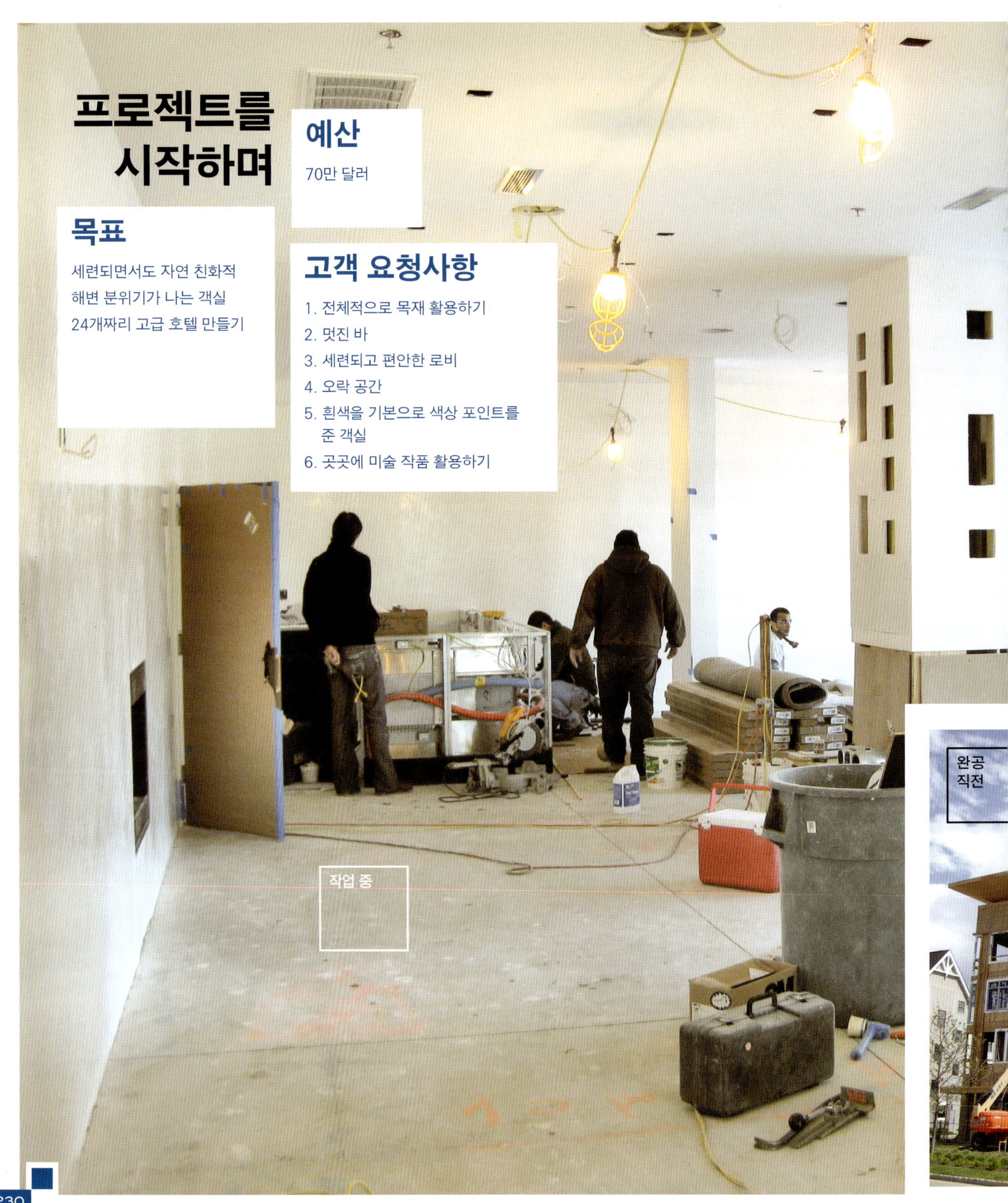

프로젝트를
시작하며

예산

70만 달러

목표

세련되면서도 자연 친화적
해변 분위기가 나는 객실
24개짜리 고급 호텔 만들기

고객 요청사항

1. 전체적으로 목재 활용하기
2. 멋진 바
3. 세련되고 편안한 로비
4. 오락 공간
5. 흰색을 기본으로 색상 포인트를
   준 객실
6. 곳곳에 미술 작품 활용하기

완공
직전

작업 중

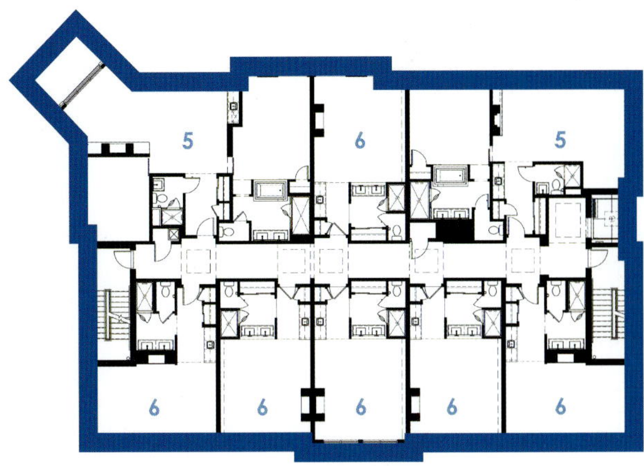

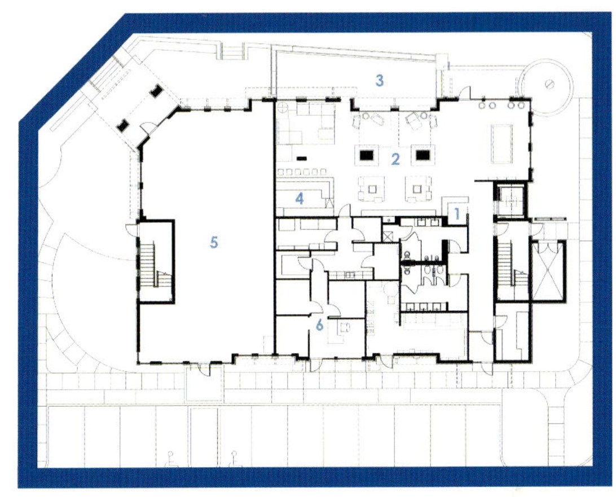

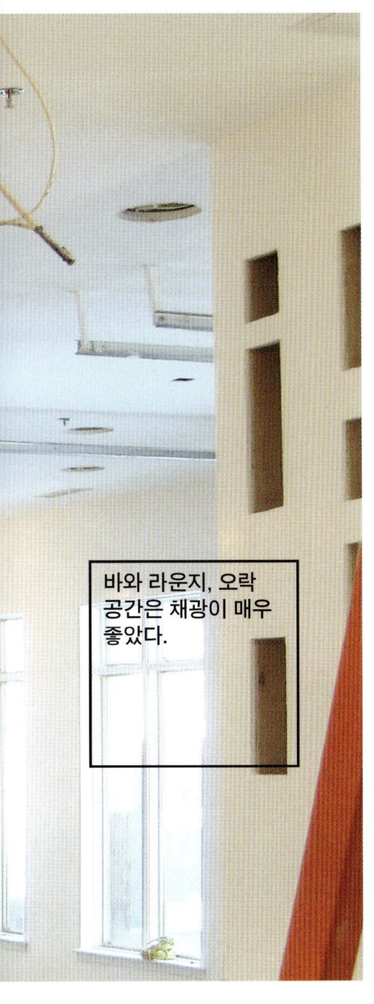

바와 라운지, 오락 공간은 채광이 매우 좋았다.

우리는 편안하면서도 세련미가 넘치고 멋진 미술 작품이 있으며 고상하면서도 흥미로운 디자인 요소를 갖춘 라운지와 바를 만들 계획을 세웠다. 또 전체적으로 자연 소재를 사용해 가능한 한 야외를 실내로 끌어들일 예정이었다. 우리는 손님들이 발을 들이자마자 탄성을 내뱉을 만한 공간을 창조하고 싶었다. 목표는 지금껏 아무도 보지 못했던 무언가를 만들어내는 것이었다.

우리는 초기 단계부터 미노 앤드 와스코Minno and Wasko의 건축가 글렌 헤이두Glenn Haydu와 함께 작업했다. 그와 함께하며 우리는 디자인에 영향을 미칠 세부사항을 결정할 수 있었다. 욕조를 설치할 위치와 조명 배선 위치에 이르기까지 하나하나가 전부 중요했다. 그토록 이른 단계부터 작업 과정에 참여할 수 있었기에 작업이 훨씬 순조로웠고 우리 아이디어를 구현하는 데에도 무리가 없었다.

로비 디자인하기

로비와 라운지는 세련되면서도 느긋한 해변 분위기를 조성하는 데 중점을 두었다. 우리는 스타일을 희생하지 않고도 편안하고 아늑하며 들어서자마자 신발을 벗어 던지고 쉬고 싶은 공간을 만들고 싶었다. 하지만 상업 공간은 주거 공간보다 튼튼해야 하므로 내구성도 고려해야 했다.

목공 전문가인 존 후시먼드는 바와 로비, 오락 공간에 우리가 생각하던 목공 디자인을 완벽하게 구현해 주었다. 우리는 페인트를 칠하거나 광택을 낸 목재(기둥과 바, 스툴)와 거친 목재(자작나무 줄기)를 적절히 섞어 말 그대로 야외를 실내로 들이는데 성공했다. 이렇게 많은 목재를 사용한 목적은 공간 전체를 부드럽고 따뜻하게 하는 데 있었다.

소파 세 개는 이베이에서 살 때는 별로 상태가 좋지 않았지만 모두 상당한 잠재력을 지니고 있었다. 우리는 이 소파들을 각각 다른 원단(가죽, 인조 타조가죽, 인조 소가죽)으로 천갈이했다. 또 소파에 있던 고정 못을 제거하고 큼직한 건메탈 못으로 바꾼 다음 나무 부분을 검은색으로 칠했다. 검정 가죽 소파의 나무틀에는 대비 효과를 위해 유광 흰색 페인트를 칠했다. 큼직한 칵테일 테이블은 페루에서 주문 제작했는데 밝은 색이 모래사장을 연상시키며 짙은 색 빈티지 소파와 멋진 균형을 이룬다.

**'우리는 편안하고 아늑한 로비를
만들고 싶었다.'**

전문가에게 묻다

글렌 헤이두 Glenn Haydu

우리는 미노 앤드 와스코의 건축가 글렌 헤이두에게 호텔 건축에 관한 생각을 물었다.

Q: 이번 프로젝트에 관해 말씀해 주세요.
A: 금속과 나무 질감이 섞인 외관은 매우 현대적이고, 실내장식은 깨끗하고 담백하며 어른이나 아이 모두 편안하게 지낼 수 있는 곳이죠. 이 호텔을 찾는 사람은 누구나 다른 곳에서는 발견할 수 없는 몇 가지 디자인 요소가 기억에 남을 겁니다.

Q: 특히 어려웠던 점은 무엇이었나요?
A: 공사현장이 피어 빌리지Pier Village로 향하는 관문에 있었으므로 기억에 남는 디자인이 필요했죠. 또 장소도 장소지만 이목을 끄는 사업이라 지역 공무원이며 소유주, 건설업자 그리고 물론 디자인팀 등 관련된 사람이 대단히 많았어요. 예산 안에서 모든 사람이 원하는 바를 충족하기가 굉장히 까다로웠죠.

Q: 디자이너와 건축가가 함께 일할 때 가장 좋은 시나리오는 어떤 것일까요?
A: 최대한 자주 만나 이야기해야죠. 디자인 쪽 인력을 빨리 참여시키지 않는 바람에 디자인에 제한이 생기거나 나중에 돈과 시간을 들여 이미 진행한 부분을 수정해야 하는 사례를 자주 봤습니다. 그리고 융통성이 있어야겠죠. 프로젝트를 진행할 때 모든 것을 자기 마음대로 할 수 있는 사람은 아무도 없으므로 작업 과정 중에 끊임없이 서로 양보하고 협력하며 각자 지닌 전문 지식을 조화롭게 활용해야 합니다.

바 디자인하기

뛰어난 목공예가 존 후시먼드의 도움으로 바/라운지 공간에 매우 멋진 선반을 만들어 독특한 분위기를 낼 수 있었다. 바 뒤의 선반에는 술을 보관하고, 바 옆 선반에는 예술과 디자인 및 여행 관련 책과 빈티지 상점에서 발견한 소품, 오래된 항아리, 모래를 담은 병 등을 채웠다.

바 위에는 크롬으로 된 톰 딕슨 펜던트 세 개를 나란히 달았다. 밤에는 세련되고 멋진 분위기가, 낮에는 밝고 즐거운 느낌이 난다. 목재 바 스툴과 로비에 놓은 스툴도 주문 제작한 물건이다.

오락 공간 디자인하기

우리는 주말 저녁에 시간을 보내고 싶을 만큼 멋지면서도 햇빛이 너무 강하거나 비가 올 때 아이들이 놀기에도 적당한 오락 공간을 만들 생각이었다. 1940년대 브런즈윅Brunswick 제품인 빈티지 당구대는 이 공간의 포컬 포인트 역할을 한다. 당구대 위에 달린 깃털 조명은 분위기를 밝게 해 준다. 예술가 하이디 코디Heidi Cody는 잘 알려진 로고에서 한 글자씩 따서 라이트 박스로 '방갈로'라고 쓴 작품을 디자인해 주었다.

자작나무 기둥은 실제로 공간을 분리하거나 벽을 설치하지 않고도 영역을 구분해 주는 역할을 한다. 또 상하 개폐식 문 두 개는 실내 공간과 야외 테라스를 적절히 연결해 준다. 날씨가 맑은 날 이 문을 열어 두면 라운지는 순식간에 넓은 야외 공간으로 변신한다.

'자작나무 기둥은 영역을 구분해 주는 역할을 한다.'

미술 작품 고르기

바와 로비, 객실 대부분은 벽이 넓고 천장이 높았으므로 우리는 화랑 같은 분위기가 나도록 전체를 흰색으로 칠한 다음 50점이 넘는 원본 미술 작품을 사들여 호텔 전체에 걸었다. 패트릭 카리우Patrick Cariou와 제프 디바인Jeff Divine, 토니 카라마니코의 작품을 포함해 우리가 산 미술품 중 상당수가 서핑과 해변을 주제로 삼고 있어 옛날 해변 휴양지 같은 분위기가 연출된다. 라운지 영역에 걸린 〈여왕〉은 앤 캐링턴 작품이다.

**'미술품 중 상당수가
서핑과 해변을
주제로 삼고 있다.'**

바다를
연상시키는
색깔의 벽지

툴립이 복도에
생기를 부여한다.

전문가에게 묻다

케니 샤흐터 Kenny Schachter

우리는 친구이자 우리가 가장 좋아하는 미술상인 케니 샤흐터에게 미술과 미술계에 관한 몇 가지 질문을 던졌다.

Q: 막 미술품 수집을 시작한 사람에게 해 줄 조언이 있나요?
A: 천천히 시작하는 것이 가장 좋은 방법이죠. 부지런히 둘러보고 찬찬히 결정하세요. 현대 미술 작품은 끝없이 쏟아져 나옵니다. 급할 것은 전혀 없어요. 반면 나처럼 충동적이고 때로는 모험 걸기를 좋아하는 사람이라면 작은 것으로 시작해 보세요. 스스로 빠듯하게, 이를테면 500~1500달러 정도로 예산을 정하고 경험을 쌓으면 배우는 것이 많습니다.

Q: 젊은 신예 예술가들의 작품은 어디에서 구할 수 있나요?
A: 예술 학교 졸업 전시회에 가면 괜찮은 작품을 구할 수 있고, 규모가 큰 상업적 아트 페어가 열릴 때면 항상 신진 예술가들의 작품을 저렴하게 판매하는 소규모 아트 페어가 수백만 개(이렇게 말할 정도로 많아요.) 함께 열립니다.

Q: 마음에 드는 작품과 투자 가치가 있다고 생각되는 작품 중 어떤 것을 사야 할까요?
A: 물론 마음에 드는 작품이지만, 현명하고 신중하게 구매한다면 이것이 좋은 투자로 이어지지 말라는 법은 없지요.

Q: 아트 페어에 대해 어떻게 생각하세요?
A: 정말 좋아해요. 물론 분위기를 완전히 망쳐놓는 유치하고 변덕스러운 정치에 끼어들지 않아도 된다면 말이죠. 아트 페어에서는 최고의 작품을 만날 수 있기는 하지만, 경매와 달리 거래에 관한 공식 기록이 남지 않아요. 소더비나 크리스티, 필립스 같은 경매장에서 작품을 사면 매매 기록이 탄소 반감기보다도 오래 남고 경매장 데이터베이스에서 언제든 찾아볼 수 있는 반면, 아트 페어에서는 참가자들의 짧은 기억에 의존하는 수밖에 없죠.

앤 캐링턴 Ann Carrington

우리의 좋은 친구인 예술가 앤 캐링턴은 객실마다 하나씩 걸 수 있도록 바다가 있는 나라 24개의 국기를 제작해 주었다. 우리는 앤에게 이 깃발들과 그녀의 작품세계에 관해 몇 가지를 물었다.

Q: 미국 국기에 관해 설명해 주세요.

A: 데님은 언제나 서부 개척시대와 카우보이를 연상시키죠. 나는 이 작품 〈성조기〉를 거대한 그림이라고 생각해요. 다만 그림 재료가 데님일 뿐이죠. 나는 줄무늬의 옅은 색을 표현하기 위해 아주 낡고 바랜 청바지 수백 벌을, 짙은 색을 위해서는 비교적 새것인 청바지 수백 벌을 모았어요. 그런 다음 바지 허리 부분을 잘라내서 공업용 재봉틀로 연결해서 줄무늬를 만들었죠. 별은 데님에 작은 구멍을 뚫은 다음 문질러 별 모양으로 해지게 해서 표현했어요.

Q: 주로 어디서 영감을 얻나요?

A: 작품 아이디어를 시각적으로 기록하는 스케치북과 다이어리가 있어요. 이 안에는 과일 포장지며 우표, 엽서, 복권에 이르기까지 온갖 것들이 다 들어 있지요. 축구 스티커와 브라질 커피 상표, 동네 버스표가 인기 가수며 콩고의 소녀 댄서 사진과 어깨를 나란히 하고 있는 종이 나라라고 할 수 있죠. 나는 대중문화나 박물관, 시, 민중 미술, 고철 처리장, 외국 문화 등 다양한 곳에서 영감을 얻어요.

Q: 발견된 오브제found object를 고집하는 이유는요?

A: 일상용품을 소재로 삼는 것은 내게 있어 관찰과 수평 사고lateral thinking 그리고 온 세상 만물에 대한 인식을 뜻해요. 세상에는 활용되기를 기다리는 소재가 넘쳐나고, 나는 아무도 사용한 적 없는 소재건 남들이 쓰고 버린 물건이건 차별 없이 대하죠. 이런 소재로 제작된 작품은 소재를 제공한 오늘날의 소비문화뿐 아니라 이런 작품이 존재할 수 있도록 길을 닦아준 예술적 풍조 양쪽을 간접적으로 드러내고 있어요. 이 분야는 아프리카에서 영감을 얻은 작품을 통해 소조용 점토나 대리석 말고도 조각가가 선택할 수 있는 소재는 많다는 점을 보여준 피카소나 브라크Braque 같은 이들이 개척한 것이죠. 나는 작품에 이야기 담기를 좋아하고, 소재는 그 이야기에서 중요한 부분을 차지해요.

Q: 특별히 꺼리는 소재가 있나요?

A: 세상 모든 것은 예술 작품이 될 가능성을 지니고 있어요. 수평사고와 한 걸음 떨어져 물건을 바라보는 자세가 중요하죠. 새로운 맥락에서 사물을 바라보면 무엇이든 예술로 승화할 수 있답니다.

Q: 집에 미술 작품을 두어야 하는 이유는 무엇일까요?

A: 포스터나 순수미술이 되었든 가족사진이나 조각, 아이들 그림이 되었든 간에 집을 다양한 이미지로 꾸미고 싶은 욕구는 인간이 지닌 자연스러운 본능이라고 생각해요. 나는 항상 들소와 매머드를 그린 신석기 벽화를 보면 감탄해요. 이 두 가지는 같은 본능에서 나온 것이죠.

Viva
Mexico

FIJI

INDIA

객실 디자인하기

여기서는 탁 트이고 널찍하며 깔끔하고 방마다 다른 독특한 디자인 요소를 지닌 객실을 목표로 삼았다. 가구와 욕실 설비, 침구 등 기본 요소는 전체 객실이 같지만, 쿠션과 담요, 미술 작품과 장식품은 방마다 다르다.

내구성은 매우 중요한 문제였으므로 우리는 잦은 왕래에도 버틸 수 있는 고광택 흰색 집성재 바닥을 깔았다. 흰색은 가구와 미술 작품, 깔개 등에 좋은 배경이 된다. 침구와 수건도 전부 흰색 제품을 사용했다. 대신 깔개와 쿠션, 빈티지 담요와 미술 작품이 색감과 질감을 충분히 살려 준다.

카르텔 제품인 모던한 흰색 소파는 단순한 동시에 매우 편안하다.

맞춤 제작한 침대와 붙박이 협탁은 관리하기 쉽다.

게시판과 칠판에서는 유머 감각과 장난스러움이 드러난다.

석유를 넣는 벽난로는 쌀쌀한 밤 방 안을 따스하게 데워 준다.

6단계
욕실 디자인 및 설비 갖추기

객실과 욕실에는 네 가지 레이아웃을 적용했다. 몇몇 넓은 스위트룸에서는 욕조를 방에 개방된 형태로 설치했다. 욕조 위에는 낭만적 분위기가 나도록 초를 꽂아 사용하는 검은색 샹들리에를 달았다.

모든 객실에는 세면대 두 개와 화장실, 샤워 부스를 설치하여 깔끔하고 현대적인 분위기를 유지했다. 저렴한 흰색 타일을 썼지만, 중요한 요소인 수도꼭지 등의 철물은 고급 제품으로 고상한 맛을 더했다.

세면대 위 거울 뒷면은 코르크 게시판과 칠판을 만들어 재미있고 독특하며 장난스러운 느낌을 주었다.

프로젝트 결과

자연 소재가 느긋한 해변 분위기를 연출하는 동시에 가구와 미술 작품이
저지 쇼어에 세련미와 고상함을 더해 준다.

이 '보이, 걸'
깔개는 우리가
디자인한
제품이다.

직접 하는 방법

벼룩시장에서 찾은 가구 멋지게 변신시키기

우리가 가장 마음에 들어 하는 가구 몇 가지는 벼룩시장이나 유품 정리 세일, 빈티지 상점, 이베이와 엣시에서 찾은 물건이다. 온라인으로 물건을 구할 때는 구매하기 전에 물건 상태를 꼼꼼히 확인해야 한다.

물건 점검하기

좋은 구조와 형태를 갖추었는지를 잘 확인하면 된다. 나머지 원단이나 색상 부분은 전부 바꿀 것이기 때문이다.

천갈이 업체 선택하기

가까운 지역에서 천갈이 업체를 찾아보자. 여러 군데 연락해 견적을 받아 보는 것도 좋은 방법이다. 미리 업체에 가구 사진을 보내면 천이 얼마나 필요할지 알아볼 수 있다.

원단 고르기

원단은 온라인에서 살 수도 있지만 직접 눈으로 보고 손으로 만져보는 편이 훨씬 좋다. 오래 가는 원단을 골라야 하고, 천갈이할 가구뿐만 아니라 전체 실내장식을 고려해 단색으로 할지 무늬나 프린트가 있는 천으로 할지 정하도록 하자. 단색으로 하고 싶다면 대신 질감이 독특한 천을 선택해 가구에 깊은 맛을 더해 보자. 파이핑을 추가하거나 바꿀 수 있다는 점도 잊지 말자.

장식하기

창의력을 발휘해 보자. 단추나 술을 추가하거나 바꾸는 것도 좋다. 장식에 따라 의자나 소파의 전체 모습과 느낌이 완전히 달라지기도 한다.

페인트 선택하기

의자나 소파의 나무틀이 상태가 나쁘거나 더 현대적인 느낌을 내고 싶다면 페인트를 칠하면 된다. 대개 천갈이 업체에서는 페인트 작업도 병행한다. 우리는 모던한 느낌을 위해 고광택 페인트를 즐겨 쓴다. 오래된 듯한 느낌을 선호한다면 '낡은 듯한' 느낌으로 페인트 작업을 해 주는 업체를 찾아가자.

비용 분석

창문 장식	$75,000.00
목공 주문 제작	$200,000.00
로비	$17,900.00
바	$19,760.00
라운지	$45,100.00
오락 공간	$49,800.00
일반 객실(16)	$131,472.00
스위트룸(8)	$126,856.00
야외 테라스	$20,939.00
기타	$31,400.00
계	$718,227.00

멋지다!

바닷가 별장

BEACH HOUSE

일곱째 아이가 태어난 지 얼마 안 되었을 무렵 한 부부가 우리를 찾아와 햄프턴에 있는 집 한 채를 개조해 줄 수 있느냐고 물었다. 이들은 부지 내에 있는 낡고 황폐한 건물을 제대로 된 별채로 바꾸고 싶어 했다. 우리는 갓난아이가 있어서 멀리까지 나가 일을 맡기가 조금 망설여졌다. 하지만 벽을 전부 뜯어내고 실내장식을 새로 한다는 작업 내용을 듣고 나자 거절할 수가 없었다. 전면 개조 작업은 두말할 필요 없이 우리가 가장 좋아하는 일이다. 그래서 우리는 방법을 강구했다. 둘 중 한 명이 두세 시간 차를 몰고 가서 현장에서 일하는 동안 나머지 한 명이 맨해튼에 남아 아이들을 돌보았다.

집주인 부부는 여름이 되어 처음으로 손님들이 찾아오기 시작할 시기인 독립기념일까지는 별채가 완성되기를 원했다. 이 말은 프로젝트를 끝낼 때까지는 두 달도 남지 않았다는 뜻이었다.

침실 다섯 개, 욕실 네 개짜리 이 커다란 집은 1970년대 이후로 손 본 적이 없었다. 집 안은 어둡고 퀴퀴한 냄새가 났으며 방은 비좁고 삐걱대는 마루 탓에 으스스하기까지 했다. 햄프턴에 있는 다른 집들처럼 주변 경관은 매우 아름다웠다. 하지만 실내를 보면 세상에서 가장 아름다운 지역 중 한 곳이라

프로젝트를 시작하며

예산

30만 달러

목표

낡고 황폐한 별채를
현대적이고 편안한 바닷가
별장으로 바꾸기

고객 요청사항

1. 개방형 구조
2. 전체적으로 페인트 새로 칠하기
3. 욕실 개조
4. 새 주방

벽은 표면이 고르지 않고 구조도 좋지 않았다.

바닥은 전체적으로 휘어지고 손상된 곳이 많았다.

'실내는 어둡고 퀴퀴한 냄새가 났다.'

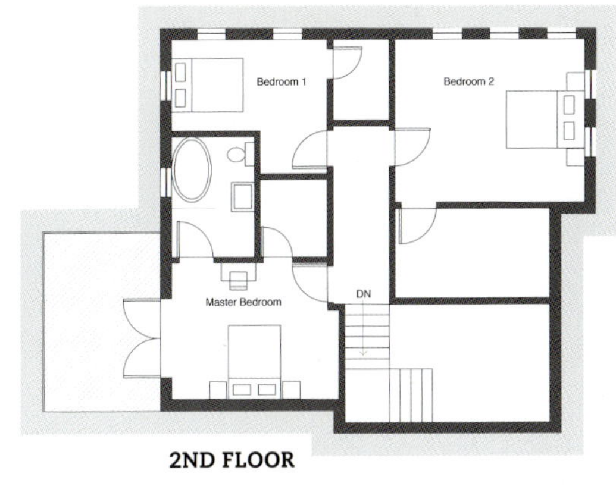

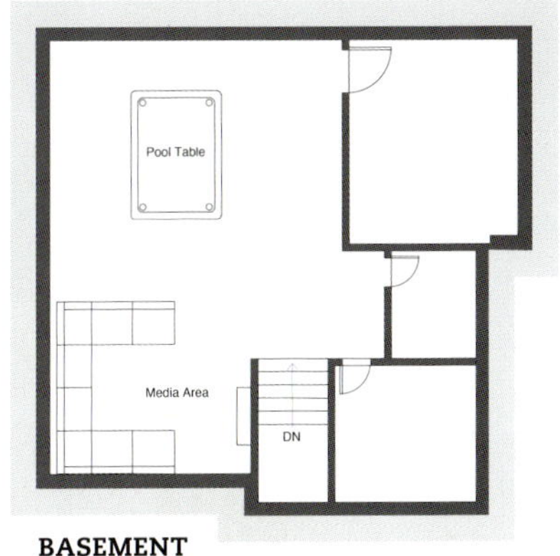

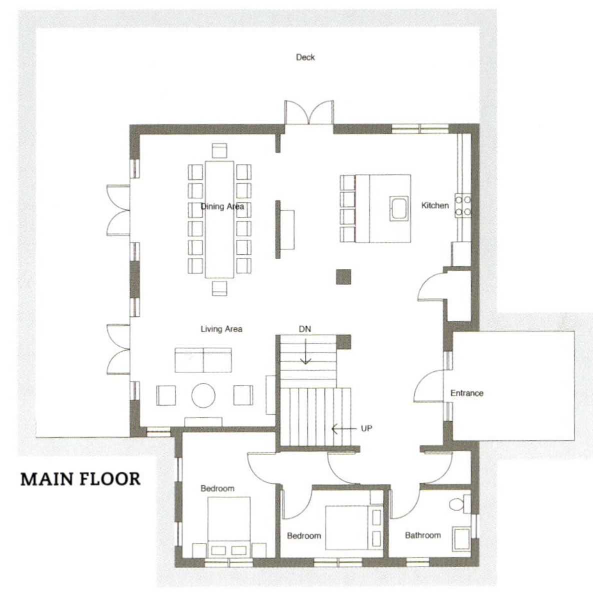

일컫는 곳에 있는 집이라고는 생각할 수 없을 정도였기에 내부를 완전히 개조해야 했다.

우선 우리는 1층 내부의 벽을 거의 전부 헐어내는 일부터 시작했다. 1층 거실 영역은 원래 벽으로 구분된 주방, 거실, 식당, 서재로 구성되어 있었다. 그리고 1층 반대편에는 침실 두 개와 욕실도 있었지만 그쪽은 그대로 두기로 했다. 우리는 가운데에 있던 주방을 집 앞쪽으로 옮기고 거실과 식당을 향해 열린 구조로 바꾸었다.

욕실에는 연한 색상의 타일이 깔려 있었고 같은 색상의 욕조와 변기가 있었다. 1970년대 당시에는 좋아 보였을지도 모르지만 40년이 지난 지금은 시대에 뒤떨어지고 지저분하며 싸구려 같아 보였으므로 타일과 욕조, 세면대와 변기도 전부 뜯어냈다.

철거 작업을 마치고 나니 남은 것은 원목 마루뿐이었다.

1단계

바닥과 벽 손보기

예산 가운데 엄청나게 큰 부분이 공사비로 들어갈 예정이었으므로 나머지 실내장식을 계획하는 데 더욱 주의를 기울여야 했다. 우리는 마루를 새로 깔지 않기로 했지만, 기존 마루 상태가 좋지 않아 해야 할 작업이 많았다. 일단 망가진 부분을 수리하고 표면을 고르게 한 다음 흰색 페인트를 칠하자 전체 분위기가 완전히 달라졌다. 효과가 워낙 강렬했기에 우리는 페인트칠을 계속 진행하기로 했다. 벽과 계단, 지하실과 2층까지 모든 것이 흰색으로 변했다.

새 주방 만들기

목표는 흰색을 기본으로 군데군데 색상 포인트를 준 개방형 주방을 만드는 것이었다. 모두 이케아 제품인 조리대와 수납장은 세련되고 현대적이면서도 저렴했다. 우리는 홈 디포Home Depot에서 건축 자재를 사들이던 중 검은 샹들리에를 발견했다. 이 샹들리에는 믿을 수 없을 만큼 값이 쌌지만, 뜻밖에도 주방에 세련된 우아함을 더해 주었다.

노랑과 흰색으로 된 조리대 상판은 이케아 제품이며 판 세 장을 교대로 쌓은 형태여서 매우 두껍다.

노란색 오븐은 블루스타 제품이다.

'목표는 흰색을 기본으로
색상 포인트를 준 개방형 주방을
만드는 것이었다.'

3단계

거실과 식당에 가구 들여놓기

집주인 부부에게는 전에 살던 여러 집에서 가져온 가구와 미술품, 깔개 등을 잔뜩 쌓아둔 창고가 있었다. 이들은 좋은 취향을 지니고 있기는 했지만, 창고 안에 든 것이 빨간 소파일지 파란색 깔개일지 줄무늬 의자일지는 짐작이 가지 않았다. 살펴본 결과 거의 모든 가구는 흰색이었다. 집 전체를 온통 흰색으로 칠했다는 점을 생각하면 소파와 의자, 탁자에 색깔을 더해 줄 필요가 있었다. 쿠션과 미술품, 작은 장식품들이 가구에 생기를 불어넣고 공간을 훨씬 집답게 만드는 역할을 했다. 거실과 식당이 뒤쪽 테라스로 이어지는 곳에 원래 있던 미닫이 유리문은 프랑스식 문으로 바꾸어 달았다.

인조 가죽은 시각적으로 즐겁고 저렴하다.

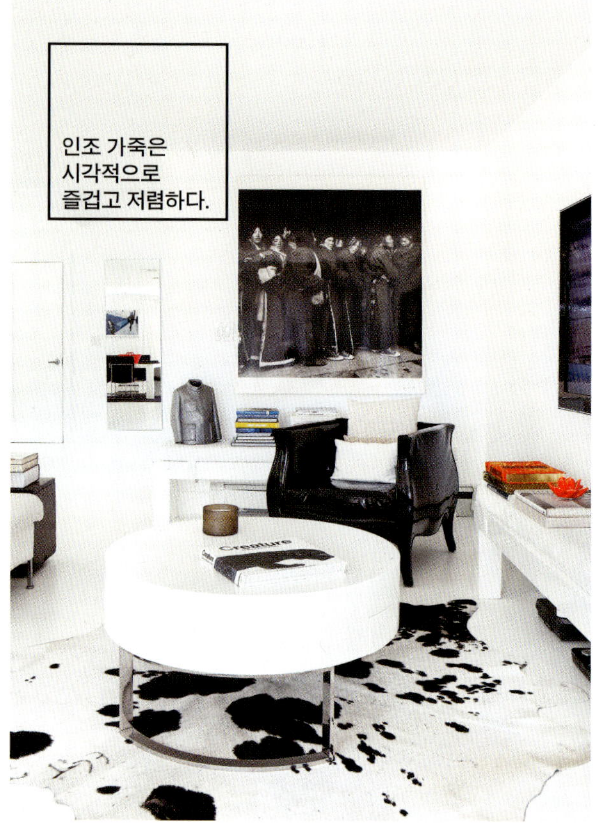

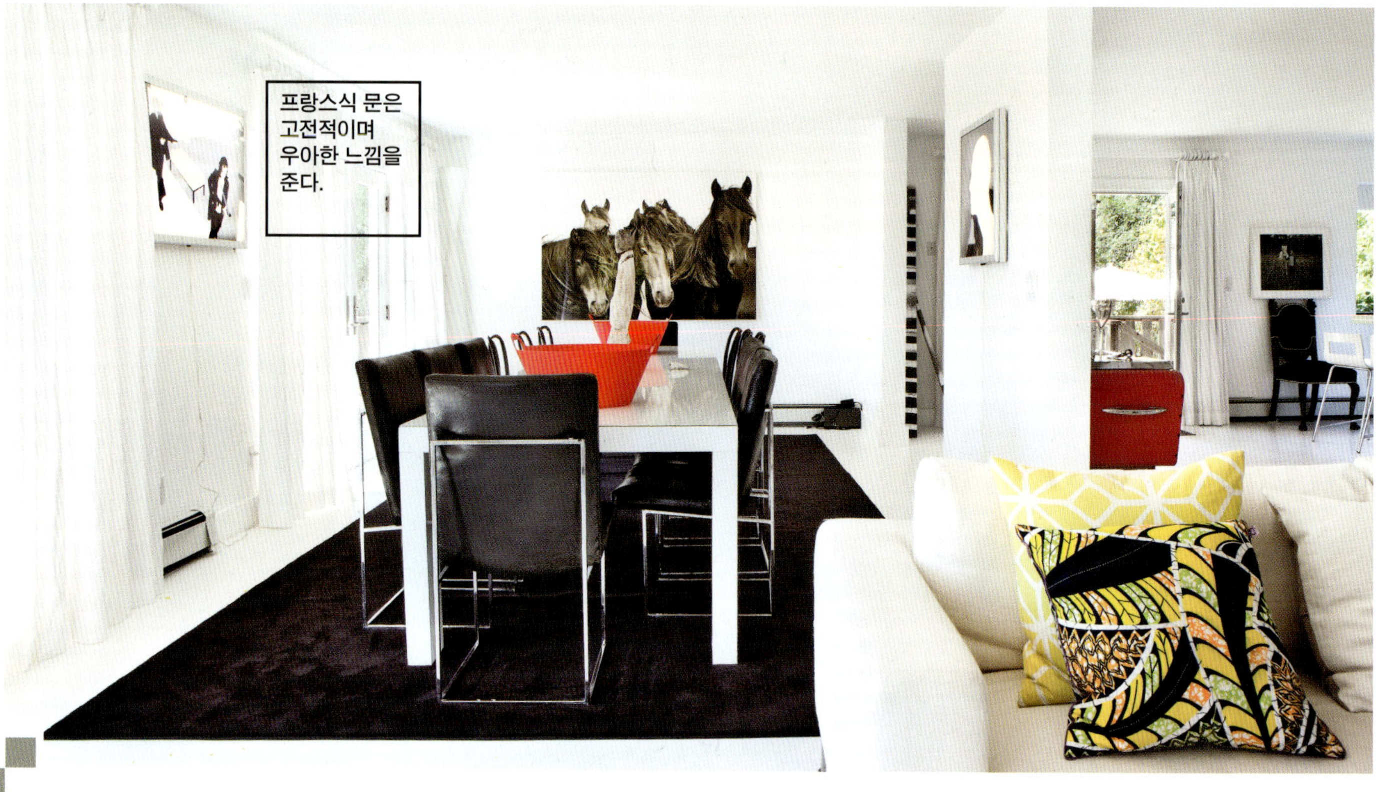

프랑스식 문은 고전적이며 우아한 느낌을 준다.

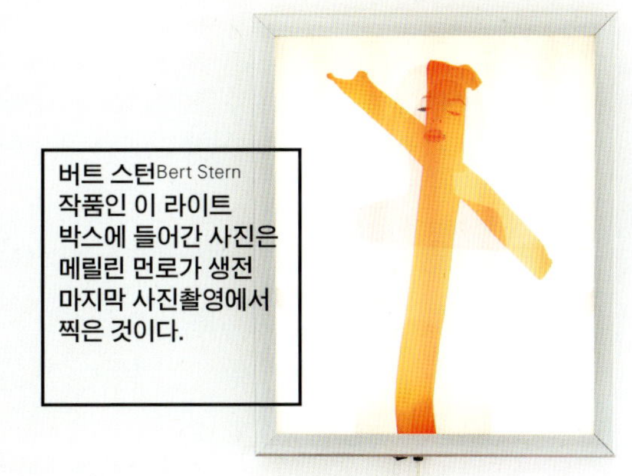

스티븐 색스Steven Sacks

우리는 비트폼스 갤러리Bitforms Gallery의 아트 디렉터이자 소유주인 스티븐 색스에게 미디어 아트에 관한 생각을 물었다.

Q: 미디어 아트는 일시적 유행인가요, 아니면 어엿한 장르인가요?

A: 일단 뉴미디어 아트라는 용어부터 정의해 보죠. 이 용어는 까다롭고 종종 잘못 쓰이기도 하는 말입니다. 뉴미디어란 특정 시기에 가장 첨단을 달리는 도구 혹은 아이디어를 활용하고 이러한 혁신적인 방법을 예술 작품에 도입하는 장르 또는 그런 개념을 가리킵니다. 이런 방법 중 상당수가 시간에 기반을 둔 미디어입니다. 미디어 아트는 이제 미술계에 없어서는 안 되며 현대 미술 전시에서 빠질 수 없는 일부분이 되었죠.

Q: 미디어 아트의 어떤 점을 좋아하시나요?

A: 내가 뉴미디어 아트에 집중하는 이유는 미술계에서 일어나는 혁신을 직접 목격하고 싶기 때문입니다. 물론 전통적 회화나 조각도 사랑하지만, 그런 것은 이미 충분히 보았다고 생각해요. 나는 예술가들이 미디어라는 도구를 활용해 내놓는 의외의 해석에 끌립니다.

Q: 미디어 아트는 어떻게 발전해 왔나요?

A: 내가 2001년에 화랑을 연 이후 훨씬 실험적이고 수집에 위험이 따르는 장르인 뉴미디어가 미술계에서 조금씩 성장하고 받아들여지기 시작했습니다. 작품의 질도 높아졌고, 이제는 이 분야에서 활약하는 예술가의 폭도 훨씬 넓어졌죠.

Q: 어디에 가면 미디어 아트를 감상하고 구매할 수 있나요?

A: 다른 미술 작품과 마찬가지로 전 세계 수많은 화랑에서 미디어 아트 작품을 만날 수 있습니다. 아마도 미디어 아트를 찾기 가장 쉬운 곳은 뉴욕 첼시일 겁니다. 웹사이트를 통해 시간에 기반을 둔 작품이나 움직이는 조각을 기록한 동영상을 제공하는 화랑도 많이 있죠. 가능하다면 작품을 직접 보고 구매하는 방법이 가장 좋지만, 많은 거래가 온라인으로 이루어집니다. 우리처럼 미디어 아트에 초점을 맞추는 화랑은 설치 방식이나 유지관리 문제에 경험이 훨씬 많습니다.

Q: 가장 좋아하는 작품과 이유는요?

A: 화랑 운영자인 만큼 가장 좋아하는 작품은 없습니다. 우리 화랑을 통해 끊임없이 흐르는 미디어와 아이디어 전체에 매력을 느끼죠. 나는 매일 새로 마음에 드는 작품을 발견합니다.

계단 새로 만들기

기존 계단은 상태가 매우 나빴고 공간에 어울리지도 않았다. 우리는 레이아웃을 다시 잡은 다음 단순한 난간이 달린 계단을 새로 만들고 흰색 페인트를 칠했다. 각 단의 수직판은 검은색으로 칠한 다음 위에 스텐실을 넣었다.

전문가에게 묻다

노마 카말리 Norma Kamali

우리는 패션 디자이너 노마 카말리에게 창조력과 디자인, 영감의 원천에 관해 물었다.

Q: 세월이 흘러도 변치 않는 것과 첨단을 걷는 것 중 어느 쪽이 중요하다고 보시나요?

A: 둘 다예요. 미래의 골동품, 즉 세상에 나온 뒤 오랜 시간이 흘러도 사람들이 여전히 원하는 스타일을 디자인하는 것이 중요하죠. 물론 의도적으로 그렇게 하지는 않지만, 무의식적으로 그런 생각을 품고 있으면 큰 도움이 되리라 생각해요.

Q: 상점 내부를 온통 흰색으로 꾸미셨는데요. 색깔 사용에 대해 어떻게 생각하시나요?

A: 사람들 자체, 진열에 사용하는 종이 마네킹과 의상이 바로 색깔이죠. 깔끔한 환경은 새 의상이나 디스플레이에 따라 변하는 빈 캔버스와 같습니다.

Q: 패션이 실내장식에 영향을 미치거나 아니면 반대일 수도 있다고 생각하시나요?

A: 나는 개인의 스타일이 집에도 영향을 미치며 사람들은 자신이 옷을 입는 방식, 아니면 적어도 익숙하게 느끼는 미적 감각을 반영한 환경에 살고 싶어 한다고 생각해요.

Q: 어디에서 영감을 얻으시나요?

A: 언제 어디서나 얻지요. 하지만 특히 미래를 염두에 두고 예전에는 아무도 시도하지 않았던 것을 하려고 할 때 아이디어가 떠올라요.

Q: 도시를 떠나 있을 때는 어떤 것에서 영감을 얻으시나요?

A: 도시를 떠나거나 운동을 하러 가거나 깊이 있는 이야기를 나누는 것 등은 잠시 일상에서 벗어나 머릿속에 잠들어 있던 아이디어를 현실화할 수 있는 구체적인 개념으로 바꿀 기회를 준다고 생각해요. 창조성을 발휘하는 것은 우리 DNA에 새겨진 본능적 행위예요. 언제 어디서든 가능하죠. 마치 숨을 쉬는 것과도 같아서 굳이 통제하려 들 필요가 없어요.

주 침실과 욕실 개조하기

갈색 전면 카펫이 깔린 주 침실 안에는 발코니 쪽으로 난 미닫이문과 시대에 뒤떨어진 욕실이 있었다. 우리는 일단 가구를 치우고 카펫을 걷어낸 다음 전체를 흰색으로 칠했다. 또 미닫이문 대신 우아한 프랑스식 문을 달고 그 위에는 단순한 흰색 커튼을 쳤다.

새로 배치한 가구는 고객 부부의 창고에서 꺼내온 것이지만, 검은색 킹사이즈 평상형 침대는 온통 흰색인 방 안에 놓자 너무 심심해 보였다. 우리는 헤드보드에 핑크와 흰색, 파란색 페인트를 거칠게 칠해 이 방에 꼭 필요한 질감과 색깔, 재미를 더할 수 있었다.

욕실 네 개에는 모두 40년 묵은 파스텔 색상 타일과 욕조, 세면대와 변기가 딸려 있었다. 욕실 전체에 저렴한 흰색 지하철 타일을 붙이자 훨씬 세련되고 산뜻한 느낌이 들었다. 욕조와 변기, 세면대도 전부 흰색으로 바꾸었다.

6단계

지하실 정비하기

이 집은 언덕배기에 지어졌기에 커다란 지하실 뒤쪽은 바깥으로 연결되어 있었다. 우리는 다른 공간과 마찬가지로 지하실 바닥과 벽도 흰색으로 칠했다. 그런 다음 TV를 보기에 적당한 보조 거실과 오락 공간을 만들었다. 냉장고와 생맥주 기계가 딸린 미니바를 만든 덕분에 위층으로 음료를 가지러 가느라 흐름을 끊지 않고도 당구를 즐길 수 있게 되었다. 1942년형 브런즈윅Brunswick 당구대가 지하실의 포컬 포인트 역할을 한다. 선명한 주황색 상판이 새하얀 벽과 바닥을 배경으로 근사하게 돋보인다.

전문가에게 묻다

해리 그로지오 Harry Grozio

그로지오스 앤티크Grozio's Antiques의 소유주인 해리 그로지오는 빈티지 당구대를 찾아내 복원하고 마감 처리하는 데 달인이다. 우리는 지난 몇 년간 해리에게 빈티지 당구대를 여러 번 구입했다. 해리는 당구대를 누구보다도 잘 알고 있으며 누구에게나 적당한 가격으로 판매한다.

Q: 집에 당구대를 놓는 것에 어떤 장점이 있나요?
A: 거의 어떤 집에서든 당구대는 포컬 포인트 역할을 합니다. 친구나 가족과 함께 모여 시간을 보내고 즐길 수 있는 장소가 되죠.

Q: 빈티지와 새 제품 중 어느 쪽이 좋은가요?
A: 빈티지 당구대는 가치가 오래 갑니다. 물론 고급 제품을 새로 살 수도 있지만, 새 제품은 더 비싸고 옛날 것만큼 좋은 나무를 사용하지 않죠. 새 당구대는 새 차와 같습니다. 상점을 떠나는 순간부터 가치가 떨어지기 시작하죠.

Q: 빈티지 당구대를 찾아내는 비결이 있나요?
A: 나는 50년 동안 당구 도박사나 선수들과 가까이 지내고 당구장을 찾아다녔어요. 당구대를 찾아 주는 사람에게는 수수료를 지급합니다. 당구대를 발견하면 내게 연락해 주는 사람들이 많이 있지요.

Q: 당구대를 놓을 방의 크기는 얼마나 되어야 하나요?
A: 당구대 옆면에는 최소 150센티미터의 공간이 필요합니다. 가장 작은 당구대가 90x180센티미터이니 방은 최소 390x480센티미터는 되어야 하죠. 공식 규정에 맞는 당구대는 150x300이니 방은 450x600은 되어야 하고요.

Q: 탁구대와 당구대 중에서 고른다면요?
A: 재미있네요. 사실 나는 당구대 위에 설치하는 탁구용 상판도 여러 번 제작했어요. 상당히 쓸 만했죠.

라이트 박스 설치하기

우리는 굉장히 마음에 드는 것을 발견하면 적은 예산으로 똑같은 형태나 개념을 구현할 방법을 찾으려 애쓰며, 이번에 현관 옆에 설치한 라이트 박스도 그런 사례였다. 그래픽 디자이너로 일하는 친구가 롱아일랜드 지도를 그려 주었고, 우리 팀의 목수 톰 바요니가 나무 상자를 짜고 안에 조명과 전선을 설치해 주었다. 이 라이트 박스는 일반적 벽등 대신 재미있고 독특한 방식으로 현관에 꼭 필요했던 조명을 제공한다. 또 휴양지다운 느낌으로 문 반대편의 분위기를 미리 알려 주는 역할도 한다.

'이 라이트 박스는 현관에
꼭 필요했던 조명을 제공한다.'

판매 가격의 1/4
밖에 안 되는
비용으로 라이트
박스를 직접
제작할 수 있었다.

프로젝트 결과

내부 벽을 거의 전부 철거하고 벽과 천장, 바닥을 전부 흰색으로
칠하고 나니 공간이 네 배는 넓어 보였다.

빨간색 바 위에 건
디지털 아트와 식탁 위에
건 작품 두 개는 모두
고객 부부의 수집품이다.

흰색 바닥이
공간 전체를
하나로 묶어
준다.

야외용 탁자를
실내에서
사용하는 것도
좋은 방법이다.

직접 하는 방법

바닥을 흰색으로 칠하는 요령

1. 시작하기 전에 청소기를 돌리고 걸레질을 해 먼지와 더러움을 말끔히 제거한다.

2. 폴리우레탄 계열 바닥용 페인트를 선택한다.

3. 가장자리에는 붓을, 나머지 부분에는 롤러를 사용한다.

4. 페인트를 한 겹 얇게 칠한다.

5. 한 번 칠할 때마다 24시간 건조해 가며 두 번 더 얇게 칠한다.

흰색 나무 바닥의 장단점

장점	단점
어떤 공간이든 훨씬 넓어 보인다.	바닥이 쉽게 빨리 더러워진다.
탁 트인 로프트 같은 느낌이 든다.	
가구가 돋보이도록 해 준다.	
어떤 공간이든 훨씬 밝아 보인다.	
흰색 위에 놓으면 무엇이든 멋져 보인다.	

비용 분석

항목	금액
공사비	$260,000.00
창문 장식	$5,200.00
조명	$325.00
주방 개조	$4,600.00
가전	$8,200.00
욕실 개조	$6,750.00
미니바	$770.00
바 카트	$600.00
당구대	$10,000.00
라이트 박스	$750.00
장식품	$500.00
계	$297,695.00

애나

브루클린의 모던한 집

BROOKLYN MODERN

애나 스키바크래프츠Anna Skiba-Crafts와 벤저민 네이선Benjamin Nathan(그리고 고양이 빌리Billy)은 브루클린에서 새로 떠오르는 지역인 레드 훅에 첫 집을 사고 2년 후에 우리를 찾아왔다. 오래된 벽돌 타운하우스 두 채 사이에 자리한 이들의 집은 창문이 넓고 현대적인 복층 아파트였다. 1층은 탁 트인 구조였고, 2층에는 전용 테라스가 딸린 침실이 있었다. 애나와 벤저민은 이곳에 살기 시작한 지 이미 2년이 지났지만, 공간을 멋지게 꾸미거나 최대로 활용할 방법을 찾아내지 못하고 있었다. 우리가 만난 다른 여러 고객처럼 이들도 어디에서 시작해야 할지 몰랐기에 아예 손을 대지 않은 셈이었다.

집이 온통 흰색이었으므로 이들은 색깔을 더하고 싶었지만 선뜻 용기를 내지 못했다. 1층 공간은 여러 기능을 동시에 수행해야 했지만 기존 배치로는 불가능한 일이었다. 동선도 그다지 좋지 않았으며 특히 손님을 초대하고 싶다면 배치를 완전히 바꿔야 했다.

두 개 층을 합쳐도 넓이가 84제곱미터(약 25평)밖에 되지 않지만 생각보다는 꽤 넓어 보이는 편이었다. 이리저리 꺾인 벽은 멋진 선을 이루고 있었지만, 그 탓에 고립된 자투리 공간이 생겼다. 이 공간을 제대로 활용하려면 창조성을 발휘할 필요가 있었다.

프로젝트를 시작하며

예산

4만 달러

목표

여러 기능을 수행하며 손님 초대에도 적합한 1층과 아늑하지만 세련된 침실이 있는 2층 만들기

고객 요청사항

1. 4~6명이 앉을 식탁
2. 편안한 가구
3. 두 명이 일할 수 있는 업무 공간
4. 추가 수납공간
5. 계단 위의 자투리 공간 제대로 활용하기
6. 사생활 보호(특히 2층)

'애나와 벤저민은 둘 다 고전적 분위기를 풍기는 인더스트리얼 스타일을 원했다.'

애나와 벤저민은 둘 다 고전적 분위기를 풍기는 인더스트리얼 스타일을 원했다. 또 우리 부부와 마찬가지로 빈티지와 모던의 조화를 좋아했다. 우리는 색감이 풍부하고 편안하며 곳곳에 기발한 아이디어가 숨어 있는 집을 목표로 삼았다.

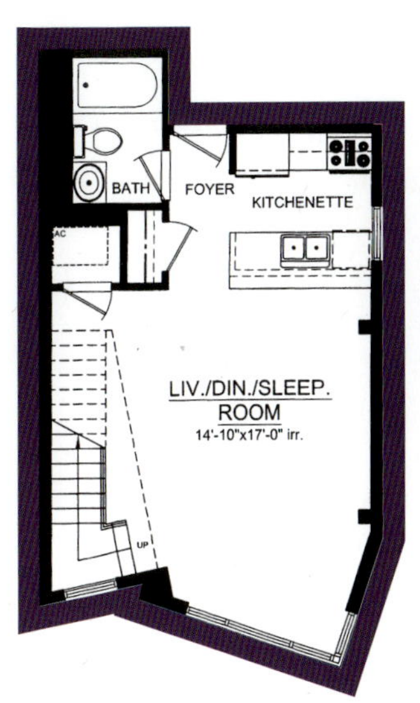

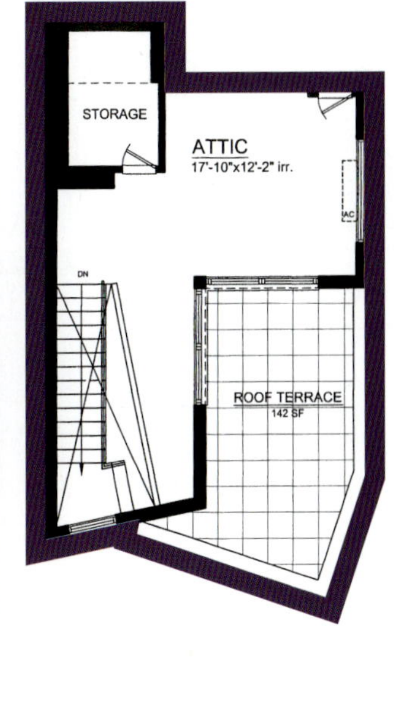

브루클린의 모던한 집

1단계
거실 영역 디자인하기

애나와 벤저민은 원래 있던 가구에 별 애착이 없었으므로 우리는 매트리스를 빼고 모든 것을 치워버렸다. 일단 공간을 비우고 나서 우리는 1층을 아주 연한 하늘색으로 칠했다. 애나와 벤저민은 색깔을 넣고 싶다고 했지만, 1층과 2층은 매끄럽게 연결되어야 하기에 벽을 같은 색으로 칠해야 했다. 2층이 답답해 보이지 않게 하려면 연한 하늘색이 우리가 시도할 수 있는 가장 과감한 색이었다.

원래 있던 가구는 그다지 융통성이 없다는 점이 문제였으므로 다목적으로 활용 가능하고 공간에 잘 어울리는 크기의 가구를 찾는 것이 관건이었다. 우리는 덩치 큰 소파를 맞춤 제작한 소파로, 커다란 유리 탁자를 오토만 두 개로 바꾸었다. 또 TV 장식장 대신 수납공간이 두 배는 되는 골동품 문갑을 놓아 지나치리만큼 현대적이던 분위기를 부드럽게 했다.

식사 공간 디자인하기

애나와 벤저민은 손님을 초대하고 싶었지만, 거실 공간에 식탁과 의자를 어떻게 배치해야 할지 몰랐다. 우리는 양쪽 끝에 따로 떨어져 있던 업무 공간을 하나로 합쳐 계단 아래쪽에 배치함으로써 제대로 된 식사 공간을 확보했다.

브루클린의 빈티지 상점인 그린하우스Greenhouse에서 찾아낸 농장식 식탁의 골동품은 공간에 따스함을 더한다. 독특한 맛을 내기 위해 철제 빈티지 의자의 좌판에는 전부 다른 천을 씌웠다. 샹들리에로 포인트를 준 이 식사 공간은 옛것과 새것이 좋은 균형을 이룬다. 식탁 뒤에 있는 사진은 사진작가 캐서린 홀Catherine Hall이 애나와 벤저민을 찍은 작품이다. 우리 목수 톰 비요니는 훌륭한 솜씨로 들보와 기둥을 나무로 감싸는 따스한 분위기를 연출해 주었다.

샹들리에는 ABC 카펫 앤드 홈 제품이다.

**'다목적으로 활용 가능한 가구를
찾는 것이 관건이었다.'**

3단계

주방에 생기 불어넣기

주방은 매우 상태가 좋았지만, 무언가 확실한 매력이 필요했다. 아일랜
드 조리대 위에 달린 유리 조명은 너무 작아 잘 보이지도 않았기에 우리
는 타공 철판을 활용한 인더스트리얼 조명으로 바꿔 달아 투박한 맛을 더
했다. 또 원래 있던 흰색 플라스틱 스툴 두 개를 치우고 흰색 아일랜드 조
리대와 좋은 대비를 이루는 단순한 스툴 세 개를 놓았다.

업무 공간 다시 설계하기

계단 아래는 수납공간 겸 업무 공간 두 개 중 하나로 활용되고 있었지만, 불편하고 어수선하며 비좁은 느낌이 들었다. 우리는 우선 멋진 인더스트리얼 스타일 탁자를 들여놓았다. 이 탁자는 일반 책상보다 세로 폭이 넓고 두 명이 나란히 앉아 작업할 수 있을 만큼 길었다. 또 우리는 브루클린에 있는 브라이트 라이언스Bright Lyons에서 레이 코마이Ray Komai 작품인 빈티지 의자를 구매했다. 핑크 캐비닛은 애나와 벤저민의 서류나 잡동사니를 전부 보관하기에 딱 알맞았다.

'우리는 우선 멋진 인더스트리얼 스타일 탁자를 들여놓았다.'

계단과 층계참의 자투리 공간 정비하기

계단은 매력적이었지만, 그 주변 공간에는 활기가 필요했다. 흰색에 푸른 색조로 띠가 들어간 비스토시Vistosi 조명 기구를 계단 위에 달자 세로로 긴 유리창과 완벽히 어울렸고 밖에서나 안에서나 보기 좋았다.

계단 꼭대기에 있는 자투리 공간이 가장 해결하기 까다로운 문제였다. 이 공간은 책으로 꽉 차 있었지만, 공간이 안으로 들어갈수록 좁아졌기에 책꽂이에 접근하기가 쉽지 않았다. 우리는 여기 있던 책을 전부 꺼내서 아래층으로 가져갔다. 이곳을 수납 용도로 사용하는 것은 효율성 면에서 좋은 선택이 아니었으므로 우리는 이 자리에 꼭 맞는 좌석을 맞춤 제작해 작은 즐거움을 더하기로 했다. 쿠션과 푸프 덕분에 질감이 풍부해진 이 공간은 아늑한 은신처 역할을 한다.

6단계

침실 새로 꾸미기

침실에서 우리가 가장 중점을 둔 일은 잡동사니를 줄이는 것이었다. 이 방에는 테라스로 나가는 길목을 막는 커다란 에임스 체어를 비롯해 가구가 너무 많았다. 우리는 매트리스만 빼고 가구를 전부 치운 다음 새로 시작했다. 침대 위 에어컨 설비가 몹시 거슬렸으므로 톰에게 이를 가릴 상자를 만들어 달라고 하여 벽지를 바를 때 상자에도 발라 눈에 띄지 않게 처리했다. 따스하고 특별한 느낌의 방이 되었다.

CB2 제품인 침대는 단순하지만 회색 플러시 원단에서 부드러운 우아함이 느껴진다. 침구로는 색감이 풍부한 고급 침대보와 베개, 베갯잇을 사용했고 청색과 흰색이 섞인 빈티지 장식 덮개를 추가했다.

테라스로 이어지는 문 두 군데에는 레일을 설치하고 얇은 커튼을 달았다. 빛이 필요할 때는 열고 사생활 보호가 필요할 때는 닫을 수 있도록 했다.

프로젝트 결과

애나와 벤저민의 집을 더욱 효율적인 곳으로 만드는 데는 공간에 훨씬 잘 어울리고 손님을 초대할 때에도 다용도로 쓸 수 있는 새 가구가 중요한 역할을 했다. 우리는 식탁을 놓을 공간을 마련하기 위해 따로 떨어져 있던 업무 공간 두 개를 하나로 합쳤고, 색깔과 질감을 추가함으로써 침실을 편안한 안식처로 변신시켰다.

책은 훌륭한
디자인 요소
역할을 한다.

현대적 공간에
나무를 사용하면
따스한 느낌을
낼 수 있다.

깔개는 거실 공간을
명확히 정의해 주는
동시에 꼭 필요한
색감을 더한다.

직접 하는 방법

**목재로 들보와
기둥 가리기**

치수 재기

목재가 얼마나 필요한지 알아보기 위해 들보와 기둥의 치수를 잰다.

목재 구매하기

우리는 홈 디포에서 페인트를 칠하지 않은 울타리용 판자를 사서 사용했다. 미리 판자 형태로 재단되어 있어 편리하다. (끝의 뾰족한 부분만 잘라내고 쓰면 된다.)

판자 고정하기

판자를 들보와 기둥에 못으로 고정한다.

페인트 칠하기

우리는 페인트를 물로 희석한 다음 헝겊에 적셔 판자에 발랐다. 이 방법으로 나뭇결은 약간 살리면서 우리가 사용한 나무의 노란 색조를 누그러뜨리는 효과를 볼 수 있었다.

비용 분석

항목	금액
공사비	$4,500.00
벽지 및 도배	$3,917.85
페인트	$520.35
창문 장식	$1,862.42
조명 및 배선	$6,875.18
목공 주문 제작	$1,450.00
가구	$10,853.21
깔개	$875.35
침구	$1,201.92
미술 작품	$2,209.37
장식품	$4,646.68
고양이 장난감 및 용품	$322.09
계	$39,234.42

이 스탠드
몸통은 레고
블록으로
만든 것이다!

아기방 겸 손님방
LAST-MINUTE NURSERY

칼Karl과 멜라니 할러Melanie Haller는 둘째 아들이 태어날 예정일이 몇 주 남지 않았을 때 우리에게 연락해 왔다. 할러 부부에게는 아기방이 필요했고 시간은 얼마 없었다. 이들은 6개월 전 맨해튼 어퍼 이스트 사이드에 있는 침실 세 개, 욕실 세 개짜리 아파트로 이사했고, 아직 짐도 다 풀지 못한 상태였다. 할러 부부는 세 살배기 큰아들 그리핀Griffin을 돌보고 각자 패션 업계에서 바쁘게 일하느라 새 집을 꾸미거나 물건을 사들일 시간이 없었다.

2차대전 이전의 고풍스러운 건물에 자리한 이 아파트는 아름다운 원목 마루와 매력적인 몰딩, 굽도리 널, 세부 장식을 갖추고 있었다. 또 최근에 보수를 마쳤기에 새것처럼 깨끗했다. 문제는 내부 장식이 아파트의 수준을 따라가지 못한다는 데 있었다. 칼과 멜라니는 나중에 시간이 나면 보충할 생각으로 아주 기본적인 것만 갖춘 채 지냈다. 우리는 새로 집을 사들인 다음 어쩔 줄을 모르는 고객을 자주 만난다. 특히 이 아파트만큼 좋은 집이라면 오히려 잘못된 선택을 할까 봐 거의 아무것도 손대지 못하기도 한다. 바쁜 스케줄과 망설임 사이에 낀 할러 부부에게는 도움이 절실히 필요했다.

프로젝트를 시작하며

예산

2만 달러

목표

나중에는 손님방으로
사용하게 될 임시 아기방과
세련되고 기능적인
어린이방 디자인하기

고객 요청사항

1. 아기 침대와 기저귀 교환대
2. 접을 수 있는 소파 침대
3. 새 조명
4. 벽지
5. 페인트
6. 아기에게 어울리면서도 모던하고
   세련된 분위기

새것이나
다름없는
상태지만
생기가 없다.

'내부 장식이 아파트의
수준을 따라가지 못했다.'

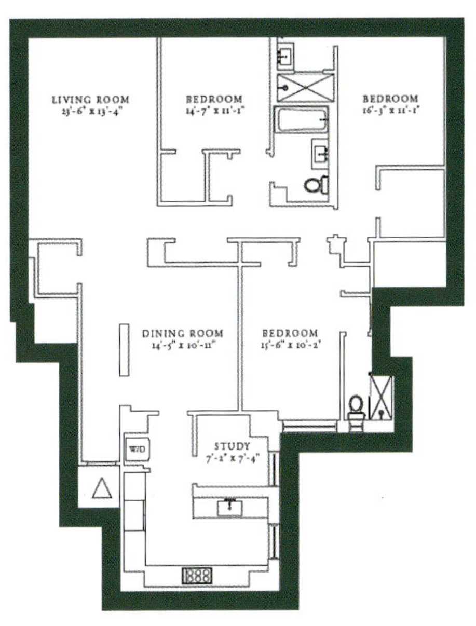

아기방으로 쓸 방에는 풀지 못한 박스와 창고에 들어가야 할 물건이 가득했다. 할러 부부는 아기방인 동시에 손님용 침실을 겸할 수 있으며 나중에는 쭉 손님방으로 활용할 수 있는 공간을 원했다. 또 우리가 아기방을 작업하는 동안 이들은 그리핀의 방도 손보아 줄 수 있는지 물었다. 그 방에는 기본은 갖춰져 있었지만 색감과 조명, 독창적인 디자인 아이디어 몇 가지가 필요했다.

이 두 방은 직사각형이고 널찍하며 천장이 높고 문 반대편에 커다란 창문이 있다는 공통점이 있었다. 양쪽 모두 낮에는 채광이 좋았지만, 조명이 거의 없어 밤에는 상당히 어두웠다. 천장에 조명을 설치할 만한 예산은 없었기에 우리는 독특하고 기능적인 스탠드를 최대한 활용하기로 했다. 또 당분간 아기방은 손님방을 겸해야 하므로 비좁고 답답하다는 느낌 없이 다목적 공간을 만들 방법을 찾아야 했다.

벽과 천장 손보기

아기방에는 매력적인 트레이tray형 천장(일부분이 움푹 들어가게 만든 천장)이 있었고 우리는 이 부분을 강조하고 싶었다. 그래서 무늬가 다른 벽지 두 가지를 골라 천장에 색깔과 질감을 더하기로 했다. 무늬 한 가지로 통일했다면 과한 느낌이 들었겠지만, 두 가지를 함께 쓰자 적절히 균형이 잡혔다.

보라색 벽지는 1970년대를 연상시키며 사이키델릭한 느낌이 난다. 우리는 맨해튼에 있는 빈티지 벽지 전문점인 세컨드핸드 로즈Secondhand Rose에서 발견한 녹색과 청색이 섞인 복잡한 무늬의 벽지를 써서 보라색 벽지를 차분하게 눌러 주었다. 세컨드핸드 로즈는 1880년대까지 거슬러 올라가는 빈티지 벽지 5천여 종을 보유하고 있어 상점이라기보다는 박물관 같은 느낌이 든다.

전문가에게 묻다

수잔 립슈츠 Suzanne Lipschutz

우리는 세컨드핸드 로즈의 소유주 수잔 립슈츠에게 빈티지 벽지에 관해 물었다.

Q: 어디서 어떻게 벽지를 찾아내시나요?
A: 벽지를 모은 지도 벌써 40년이 됐네요. 내가 모은 벽지는 대부분 미국산이고, 각 주를 돌아다니며 모은 것들이죠. 벽지마다 다 사연이 있어요. 벽지는 대개 1940년 이전에 지어진 건물에서 찾을 수 있죠. 벽지를 주문해야 하는 오늘날과 달리 예전에는 철물점이나 잡화점에서 벽지를 쌓아두고 팔았답니다. 19020~30년대에 벽지는 집을 싼 값에 현대적으로 꾸미는 방법이었죠.

Q: 들려주실 만한 멋진 사연이 있나요?
A: 어떤 사연이든 멋지죠. 한번은 미시간 주에서 지하실에 있는 벽지를 손에 넣으려고 건물을 통째로 사들인 적이 있어요. 그 편이 싸고 빠른 방법이었죠.

Q: 빈티지 벽지를 다룰 때 어려운 점은 무엇인가요?
A: 얼마나 오래되었는지에 따라 달라요. 초기 벽지는 신문 인쇄용지로 만들어졌고 매우 건조해요. 가게에서는 가습기를 24시간 틀어 두죠. 또 항상 전문가에게 도배를 맡기라고 조언해요. 나는 시험해 보느라 온갖 벽지를 다 붙여 보았죠. 이제는 못 붙이는 벽지가 없답니다.

2단계

창문 장식과 미술 작품 고르기

짙은 청색 무지 원단으로 만든 로만 셰이드는 페인트 색과 잘 어울리며 창문 테두리에 있는 아름다운 몰딩을 돋보이게 한다. 커튼을 썼다면 몰딩이 가려졌을 것이다.

아기 침대 위에 건 상자형 액자 세 개는 예술가 한 쉬Han Xu 작품이다. 딜런 파리드Dylan Fareed 작품인 〈우리는 정말 서로 잘 어울려요We Are So Good Together〉는 20x200에서 구매했다. 이 작품은 지나치게 감상적이지 않으면서도 다정한 느낌을 주므로 아기방에는 안성맞춤이다. 〈보이지 않는 힘Unseen Forces〉은 할러 부부가 창고에 넣어 두었던 작품이다. 꺼내서 액자에 넣은 다음 기저귀 교환대 위에 걸었더니 교환대의 줄무늬와 멋지게 잘 어울렸다.

3단계

다기능 가구 갖추기

할러 부부는 아기 침대와 기저귀 교환대, 모빌, 엄마 아빠가 앉을 의자 등 아기방에 놓을 가구와 용품을 거의 모두 새로 사야 했다. 또 이 방은 손님방으로도 쓸 예정이므로 침대도 필요했다. 하지만 일단 아기방으로 사용해야 하므로 자리를 너무 많이 차지하는 큰 침대는 쓸 수가 없었다. 우리는 디자인 위드인 리치Design Within Reach(DWR)에서 소파 침대를 찾아냈다. 이 침대는 평평하게 펼치면 퀸사이즈 침대가 되고 접어서 트윈베드 두 개나 데이베드로 변형할 수 있다. 우리는 원통형 베개 받침을 보라색 원단으로 천갈이하고 남색 파이핑을 넣었다.

아기용 가구 추가하기

우리는 흰색 서랍이 달린 단순한 목재 서랍장을 골랐다. 날렵하고 깔끔할 뿐더러 위에 기저귀 교환 패드를 얹어 사용하다가 나중에는 치우고 보통 서랍장으로 쓸 수 있다. 나중에 아기가 자라 그리핀과 방을 함께 쓰게 되면 서랍장을 그쪽으로 옮겨도 좋고, 손님방에 그대로 두고 추가 수납으로 활용'해도 된다. 회색과 흰색 줄무늬 기저귀 교환 패드는 색감도 좋고 아기방에 어울리는 귀여움도 느껴진다. 아기 침대도 마찬가지로 단순하고 세련되었으며, 침구와 장난감이 따뜻한 분위기를 연출한다.

5단계

그리핀의 방 새로 꾸미기

그리핀의 방에는 색감과 체계, 작업 공간(책상)과 조명이 부족했고 가구는 침대와 책꽂이밖에 없었다.

아이들 방은 과감한 색깔과 벽지로 모험적 시도를 하기 좋은 곳이다. 동물 벽지는 월페이퍼 콜렉티브Wallpaper Collective 제품이다. 동물 그림 위에 뼈가 인쇄되어 있어 더욱 재미있지만, 방이 밝을 때에만 뼈가 보이게 되어 있으므로 밤에 아이가 무서워할 일은 없다.

알고 보니 그리핀의 침대는 2층 침대의 아랫부분이었다. 우리는 나머지 반을 창고에서 찾아 다시 조립해서 아기가 자라면 쉽게 그리핀 방으로 옮겨올 수 있도록 준비했다. 또 이케아에서 매트리스를 하나 사고 랜드 오브 노드The Land of Nod에서는 파란색 자잘한 체크무늬 침구를 샀다. 어린이용 침구는 대담하고 아이다워야 하지만 동시에 세련되지 말라는 법도 없다.

트렁크는 장난감 보관에 안성맞춤이다.

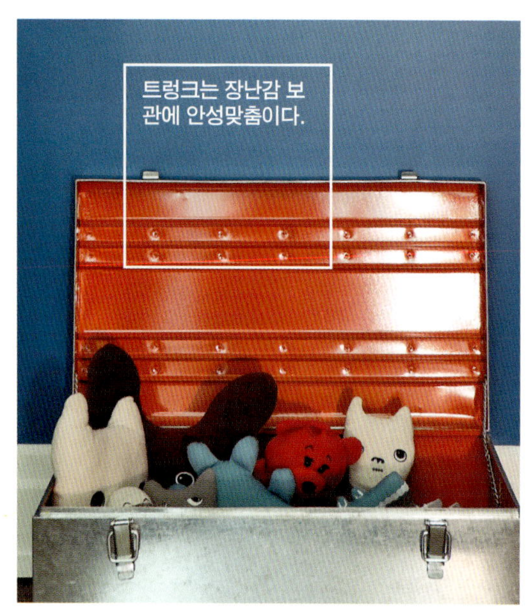

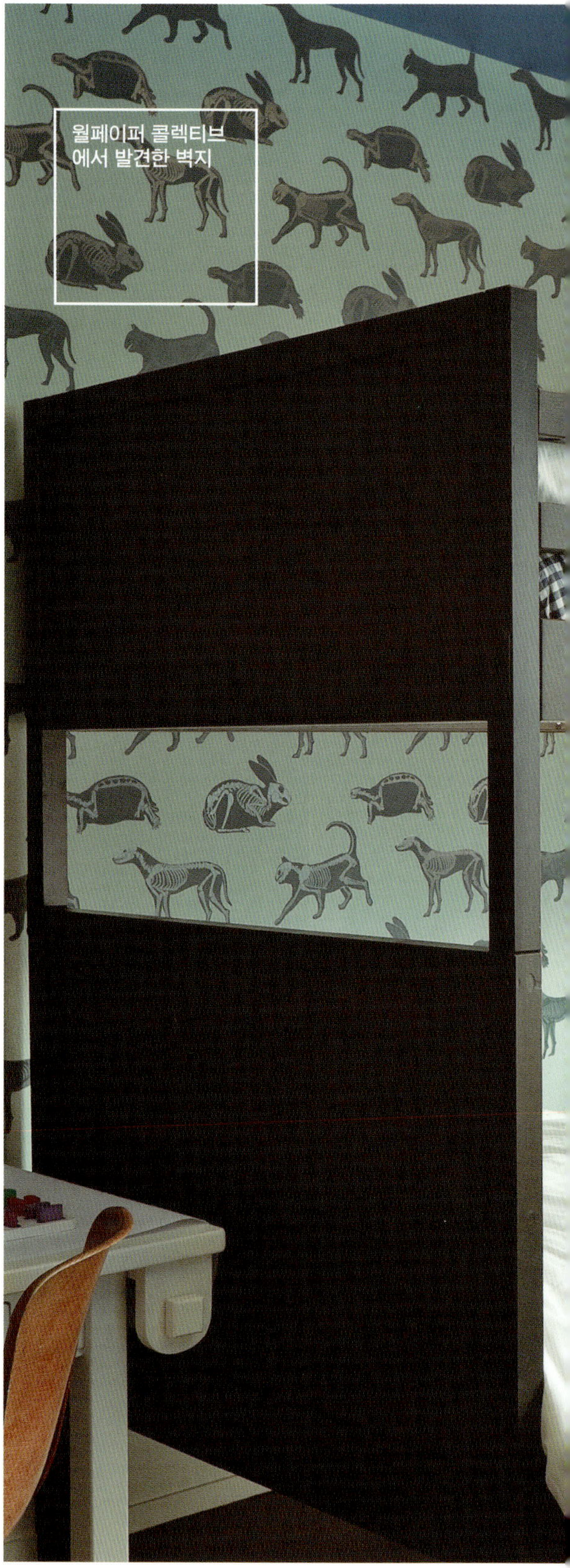

월페이퍼 콜렉티브에서 발견한 벽지

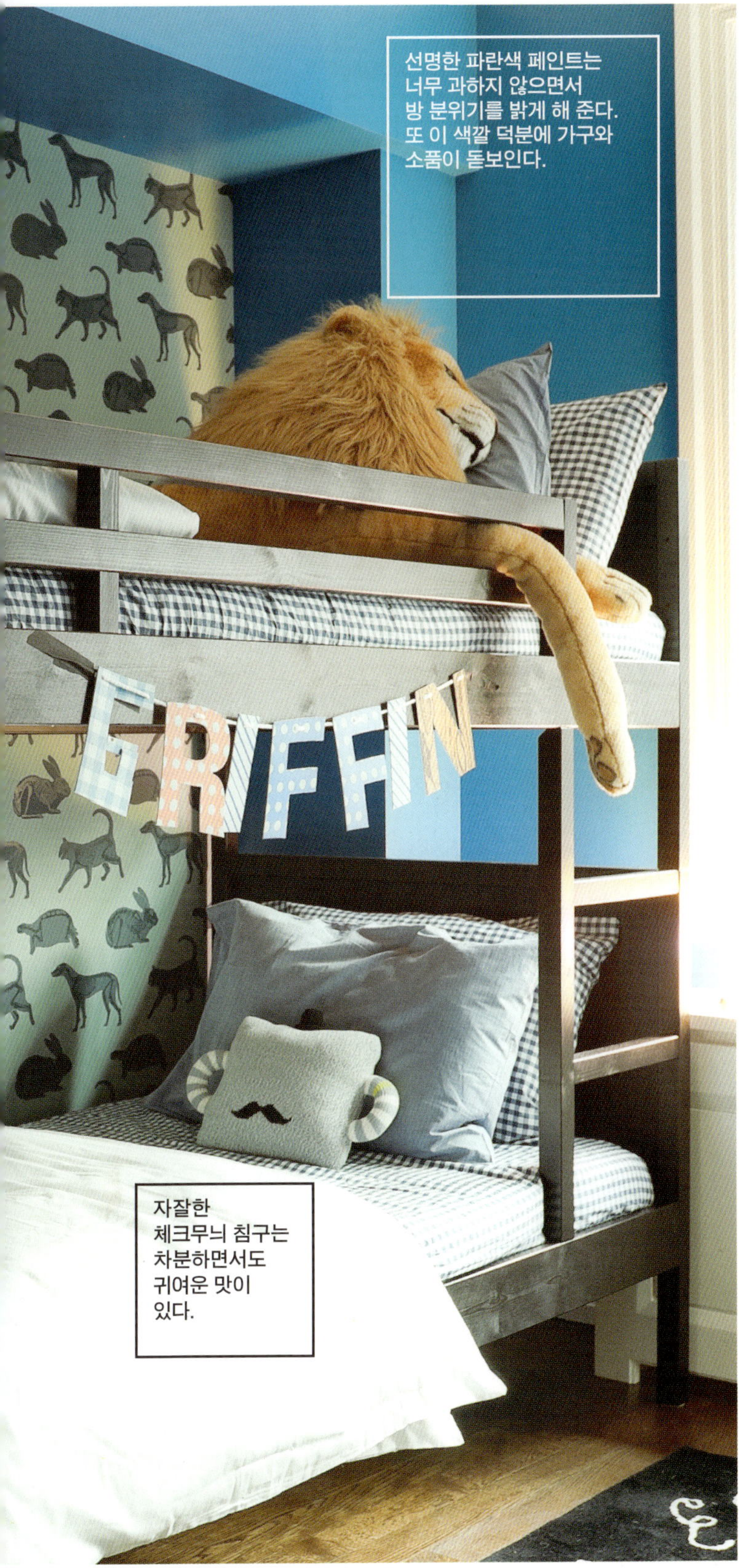

선명한 파란색 페인트는 너무 과하지 않으면서 방 분위기를 밝게 해 준다. 또 이 색깔 덕분에 가구와 소품이 돋보인다.

자잘한 체크무늬 침구는 차분하면서도 귀여운 맛이 있다.

예술가 숀 케니 Sean Kenny 작품

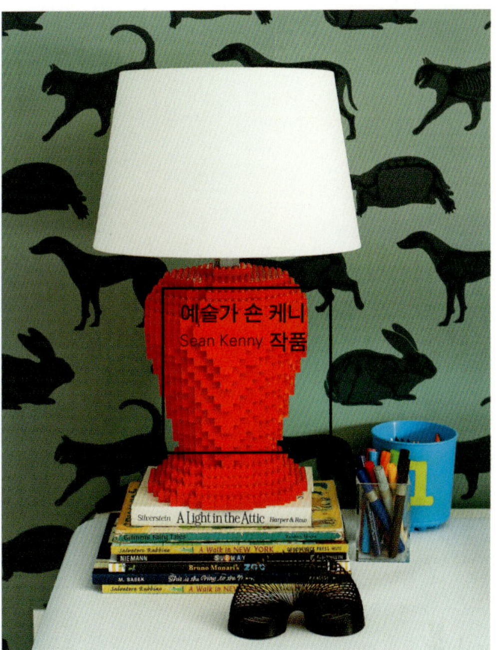

'아이들 방은 과감한 색깔과 벽지로 모험적 시도를 하기 좋은 곳이다.'

그리핀의 방에 선반과
작업 공간 추가하기

할러 부부는 그리핀이 그림을 그리고 색칠하거나 게임을 할 수 있는 작업 공간을 만들어 달라고 부탁했다. 우리는 단순한 흰색 어린이용 책상을 산 다음 앤스로폴로지Anthropologie에서 색감이 재미있는 서랍 손잡이를 구해 원래 것과 바꾸어 달았다. 책상 위에는 종이 두루마리를 달아 그리핀이 쉽게 그림을 그리고 찢어낸 다음 또 새로 그릴 수 있도록 배려했다. 책상 위에 놓은 빨간색 스탠드는 예술가 숀 케니가 레고 블록만으로 만든 것이다. 이 스탠드는 재미있고 책상에 색감을 더해줄 뿐 아니라 조명 역할에도 충실하다.

원래 있던 흰색 상자 모양 선반은 초록색 철제 선반으로 바꾸었다. 색감이 예쁜 새 선반은 기존 선반보다 장난감과 책을 돋보이게 해 준다. 선반 아래 칸에 놓은 바구니는 자잘한 장난감을 깔끔하게 보관하기 좋으며 다시 꺼내기도 쉽다. 선반 옆의 원뿔형 천막은 랜드 오브 노드 제품이며 'A에서 Z까지' 깔개는 우리가 직접 디자인한 물건이다.

이 선반은
CB2
제품이다.

코끼리는 행운을
부른다고 한다.

아이들이 숨어
놀기 좋은 장소

'A에서 Z까지'는 우리가
디자인했으며 글씨는 로버
트의 아버지가 직접 썼다.

아기방 겸 손님방

기능적이면서
눈에 거슬리지
않는다.

프로젝트 결과

세심하게 고려한 색상과 배치로 우리는 아기방과 손님방을 겸하는 유연한 공간을 만들어낼 수 있었다. 하지만 그리핀의 방을 워낙 재미있게 꾸몄기에 아기가 말을 할 수 있게 되면 형 방으로 옮기고 싶다고 말하지 않을까 하는 생각이 든다.

아기 침대와 기저귀 교환대만 치우면 금세 손님방으로 변신한다.

아기방 겸 손님방

직접 하는 방법

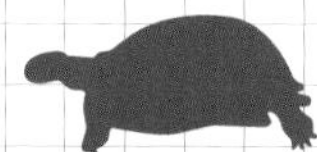

레고 블록으로
스탠드 만들기

이 스탠드는 가구 할인점에서 구한 단순한 조명 기구를 레고 블록으로 감싸 만든 작품이다. 예술가 숀 케니는 이런 스탠드를 직접 만드는 방법을 아래와 같이 설명한다.

1. 먼저 모눈종이 위에 스탠드의 '발자국'을 그린다. 모눈종이의 격자를 따라 선을 그려야 한다. 이 '발자국'이 블록 첫째 줄의 기본 설계도 역할을 한다. 실제 스탠드를 가운데 놓고 레고 블록을 빙 둘러 첫째 줄을 만든다.

2. 첫째 줄과 똑같은 모양으로 둘째 줄을 만들되 첫째 줄의 블록들과 조금씩 어긋나게 블록을 끼운다. 이렇게 해야 기초가 단단하고 튼튼해져 그 위에 블록을 쌓아 올릴 수 있다.

3. 원하는 모양이 나올 때까지 한 줄씩 찬찬히 쌓아 올린다. 소켓 근처까지 가면 전등갓과 스위치, 코드 등의 부품이 들어갈 자리를 비워야 한다는 점을 잊지 말자. 또 블록과 전구 사이에 간격을 충분히 두어 블록이 지나치게 열을 받는 일이 없도록 조심하자.

4. 무엇보다도 즐겁게 만들자. 일반적인 스탠드 모양으로 만들어도 좋고, 상상력을 발휘해 창문이나 얼굴, 우주선 등 원하는 것을 무엇이든 넣어도 좋다.

비용 분석

공사비	$4,023.65
페인트와 벽지	$1,765.19
바닥재와 카펫	GIFTS
창문 장식	$1,034.31
조명	$1,430.74
가구	$5,187.91
원단 및 천갈이	$1,844.00
매트리스와 침구	$950.70
천막	$159.00
미술 작품	$1,397.16
장식품	$641.80
장난감	$420.38
계	$18,854.84

해변의 카바나
SEASIDE CABANA

1920년 가을 플로리다 팜비치의 한적한 지역에 두 어린 자녀와 함께 정착하려는 부부가 우리를 찾아왔다. 이들이 사들인 부지에는 전면 개조가 필요한 소형 카바나Cabana가 있었다. 본채에서 180미터 떨어진 이 오두막은 방 하나에 욕실 하나가 있고 실내는 온통 흰색이었다. 뼈대는 굉장히 좋았지만, 매력과 세련미, 현대적 시설이 부족했다.

의뢰인 부부는 가족을 위한 다목적 공간을 만들기 위해 우리에게 그들이 고용한 건축가와 함께 일해 달라고 부탁했다. 이들 부부는 세련되면서도 소박하고 편안한 공간을 원했다. 이 카바나는 수많은 기능을 수행해야 했다. 가족이 영화를 보고 게임을 하며 시간을 보내거나 해변에서 물놀이를 할 때 머무르는 장소이자 친구들이 모이고 손님을 접대하는 곳이며, 조용히 책을 읽거나 편안히 쉬는 은신처 역할을 할 예정이었다. 고객 부부는 원래 있던 바와 아일랜드 식탁을 없애고 개수대와 냉장고 등의 설비를 제대로 갖춘 바를 새로 만들어 달라고 했다. TV를 볼 공간과 탈의실, 또 확장된 실내와 같은 기능을 할 야외 공간도 필요했다.

프로젝트를
시작하며

예산

2만 5천 달러

목표

가족 전체가 즐길 수 있고
세련된 다목적 실내외 공간
디자인하기

고객 요청사항

1. 설비를 제대로 갖춘 주방, 바
2. 오락 공간
3. 골동품과 빈티지 소품
4. 전체적으로 자연 소재 사용
5. 탈의실

모든 것을 싹
치워야 했다.

바, 아일랜드 식탁에는
기본적 설비인 개수대와
냉장고, 식기 세척기도
없었다.

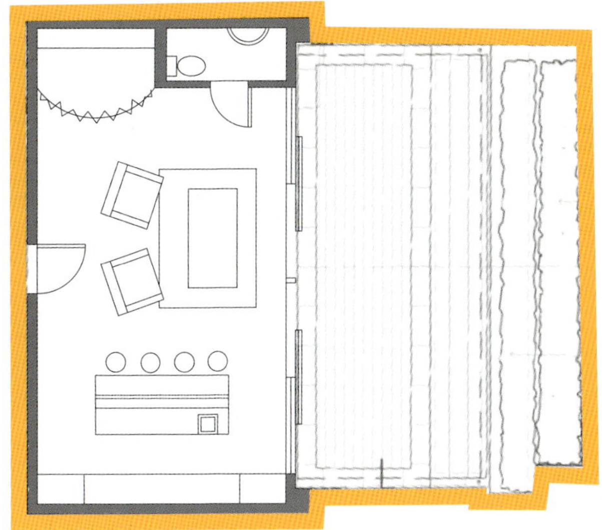

우리는 전체적으로 자연 소재를 쓰고 골동품과 빈티지 소품을 활용해 보헤미안풍 분위기가 나는 기능적 공간을 디자인하려는 계획을 세웠다. 필요 이상으로 고급스러운 것보다는 편안하고 개방적이며 격의 없는 공간을 만들고 싶었다. 바다에 매우 가까워 소금기 있는 바람이 불어오므로 내구성 또한 빠뜨릴 수 없는 요소였다. 카바나는 넓이가 42제곱미터(약 12.5평)밖에 되지 않았지만 탁 트인 구조와 높은 천장, 기가 막힌 바다 전망을 갖추고 있었다. 크기 문제를 제외하면 활용할 자원이 많은 셈이었다. 작은 공간에 여러 기능을 집어넣으려다 보면 복잡하고 어수선해지거나 조그만 공간 여러 개를 억지로 묶은 듯한 느낌이 나기 십상이다. 하지만 위치 덕분에 문제는 쉽게 풀렸다. 오두막에 딸린 전용 야외 공간은 사실 실내를 확장한 공간이나 마찬가지였다.

우리가 처음 카바나를 보러 갔을 때 고객 부부는 이곳을 막 사들인 참이었으므로 모든 것은 기본적으로 전 주인이 남겨둔 그대로였다. 실내는 해변용 오두막이라기보다는 창고 같은 느낌이 들었다. 사방이 흰색이고 바닥에는 세탁실에나 쓸 법한 타일이 깔렸으며, 실제로 가족이 해변에서 쓰는 물건, 예를 들어 바비큐 그릴, 의자, 서핑 보드, 아이스박스 등 햇빛 아래서 시간을 보낼 때 필요할 만한 것들을 보관하는 수납장 역할을 하고 있었다. 바와 아일랜드 식탁은 물론 바닥재와 실내외의 문까지 모든 것을 싹 치워야 했다. 그러고 나니 텅 비었지만 엄청난 가능성을 품은 흰색 상자만 남았다.

벽과 문, 바닥 바꾸기

우리가 실내 디자인에 집중하는 동안 건축가들은 덩치가 큰 공사를 맡아 진행했다. 이들은 미닫이문 대신 묵직한 나무틀에 유리를 끼운 문을 달고 흰색 천장을 재활용 목재로 덮은 다음 바와 아일랜드 식탁을 새로 설치하고 전체적으로 빈티지 모로코 타일을 깔았다. 그러고 나니 집 분위기가 완전히 달라졌다.

바와 조리대 상판에 사용한 나무 소재 덕분에 지나치게 테마나 '해변다움'을 강조한다는 느낌 없이 자연스레 야외를 실내로 끌어들일 수 있었다. 바닥과 욕실 벽에 붙인 모로코 타일은 색감과 무늬로 오두막 전체에 생기를 부여했다.

'집 분위기가 완전히 달라졌다.'

2단계
욕실 디자인하기

기존 욕실은 조그만 흰색 상자나 다름없었다. 하지만 모로코 타일을 붙이자 순식간에 이국적 매력과 강렬한 개성이 생겨났다. 우리는 트루티크 Truetiques에서 원래 정원 식수대로 사용되던 프랑스제 골동품 세면기를 찾아냈다. 허보Herbeau에서는 새 배관과 벽붙이 수도꼭지를 샀다. 이렇게 설치한 세면대는 낭만적이고 독특한 느낌이 들었다. 세면대 아래 놓은 흰색 양초와 고리버들 바구니는 단순하지만 욕실에 은은한 우아함을 더한다.

전문가에게 묻다
벤스 벤 Bens Ben

우리는 모자이크 하우스 모로칸 임포츠 Mosaic House Moroccan Imports의 사장 벤스 벤에게 멋진 빈티지 타일을 찾아내 구매하고 시공하는 법에 대해 조언해 달라고 부탁했다.

Q: 모로코 타일을 고르고 사용하는 요령을 알려주실 수 있을까요?

A: 색상을 선택하기 전에 우선 디자인을 고르세요. 어떤 도안을 고르든 원하는 색상 조합으로 타일을 만들 수 있습니다. 도안이 복잡하더라도 색상 선택에 따라 세련되고 현대적인 느낌을 낼 수 있죠. 색상과 무늬는 방의 분위기를 잡는 데 도움이 됩니다. 원하는 분위기가 현대적인지 고전적인지 미리 생각해 두는 것이 중요하지요.

Q: 타일을 붙이기에 좋은 곳은 어디인가요?

A: 주방 바닥과 싱크대 뒤편 벽, 욕실, 현관, 일광욕실, 벽난로 주변이나 수영장 주변 등입니다.

Q: 주방에 사용하기 가장 좋은 타일은 어떤 것인가요?

A: 싱크대 뒤편 같은 곳에 사용한다면 관리가 필요 없는 유광 모자이크 타일을 추천합니다. 대리석 가루와 시멘트, 천연 염료를 써서 만드는 시멘트 타일은 쉽게 관리하려면 코팅해 주는 편이 좋지요. 주방 벽에는 추천할 수 없지만, 다른 곳에는 어디든 잘 어울립니다.

Q: 모로코 타일의 장점은 무엇인가요?

A: 좋은 타일은 유행을 타지 않고 오래 갑니다. 수백 년의 전통을 이은 수제 모로코 타일은 공간 전체의 디자인에 깊이를 더합니다. 시간이 지나며 이미 내구성이 증명되었기에 물을 쓰는 곳에도 걱정 없이 사용할 수 있죠. 또 어떤 공간에든 차분함과 안정감을 주는 소박한 매력이 있기에 매일 보아도 질리지 않습니다.

바 디자인하기

원래 있던 바는 그저 위쪽에 선반이 있고 아래쪽에는 셔터 달린 수납공간이 있는 어수선한 조리대일 뿐이었다. 개수대도 냉장고도 제빙기도 없었다. 미지근한 테킬라를 마시고 싶은 사람을 빼고는 바를 이용할 이유가 별로 없는 셈이었다.

발상을 전환해 아일랜드 식탁을 냉장고 딸린 바로 바꾸자 기존 바의 선반과 상판을 수납공간으로 활용할 수 있게 되었다. 재생 원목으로 만든 바와 조리대 상판은 이전에는 없었던 따스하고 여유로운 느낌을 준다.

맨해튼의 애들레이드에서 찾은 이 보트는 물건을 보관하거나 전시하는 데 쓸 수 있다.

유목으로 만든 유럽산 골동품 샹들리에는 세상에 하나뿐인 물건이다.

4단계

탈의실 정비하기

우리는 탈의실을 우리가 원하는 분위기로 바꾸는 동시에 더 기능적이고 효율적인 공간으로 만들고 싶었다.

기존 탈의실은 셔터 달린 흰색 문으로 가로막혀 있었고 이 문은 자리를 너무 많이 차지했기에 우리는 그 대신 둥글게 휜 금속 막대를 설치하고 커튼을 달았다. 이 막대는 탈의실 영역 밖으로 튀어나와 있어 내부 공간을 더 넓게 쓸 수 있지만 문만큼 자리를 차지하지는 않았다. 커튼은 은은한 산호색 무늬가 있는 빈티지 리넨으로 제작했다.

붙박이 선반은 카바나 전체에 사용한 것과 같은 재생 원목으로 만든 것이다. 이 선반은 비치 타월과 옷가지, 수영 장비를 보관하기에 딱이다.

단순함이 최고다. 흰색 양초와 조개 껍데기 몇 개로 탁자를 장식해 보자.

5단계

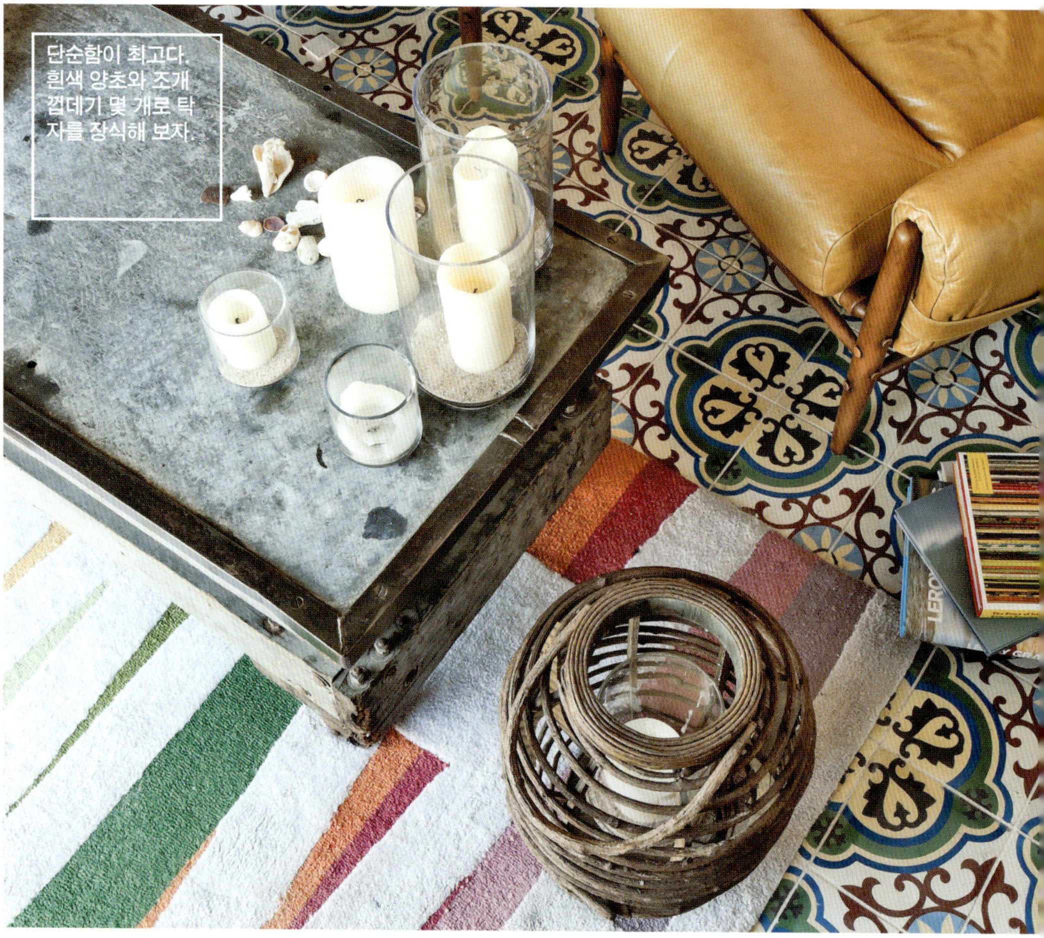

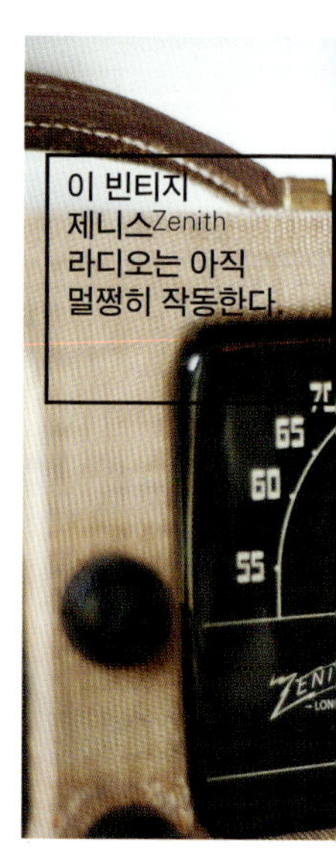

앉는 공간 설계하기

여기서의 목표는 매우 단순했다. 아늑하고 기능적이되 세련된 공간을 만드는 것이었다.

이 공간의 포컬 포인트이자 주역은 바로 바다였으므로 우리는 장식을 자제하고 랜달 메스던Randall Mesdon의 서핑 보드 사진 같은 멋진 소품 몇 점만을 추가했다. 이 사진은 과하지 않으면서도 낭만적인 해변 분위기를 연출한다.

유목으로 만든 맞춤 제작 샹들리에는 퍼스트딥스1stdibs에 입점한 골동품상 살로Sarlo에서 찾은 물건이다. 이 조명은 밤이면 앉는 공간을 비춰주고, 소재로 쓴 유목 덕분에 휴양지다운 우아한 느낌을 준다.

이 빈티지 제니스Zenith 라디오는 아직 멀쩡히 작동한다.

나무와 금속이 조화를
이룬 빈티지 탁자는
소박한 멋이 있다.

탁 트인 야외 공간 새로 꾸미기

팜비치의 날씨는 1년에 평균 235일이 맑으므로 야외 공간은 실제로 실내의 연장이라고 할 수 있다. 맞춤 제작해 덱 가장자리에 놓은 긴 의자는 바깥에서 스포츠 경기나 영화를 보기도 좋고 해변의 사람들을 관찰하기도 좋은 자리이다. 야외에 놓은 가구는 전부 데돈Dedon 제품이다. 우리는 긴 의자와 데이베드, 의자, 소파에 전부 맞춤 제작한 베개와 쿠션을 장식했다. 베개와 쿠션은 전부 레 트왈 뒤 솔레유Les Toiles Du Soleil에서 찾은 프랑스제 원단으로 만들었다. 데이베드 몇 개에는 캐노피가 있어 플로리다의 뜨거운 햇살을 가릴 수 있다.

'우리는 맞춤 제작한 베개와 쿠션을 사용했다.'

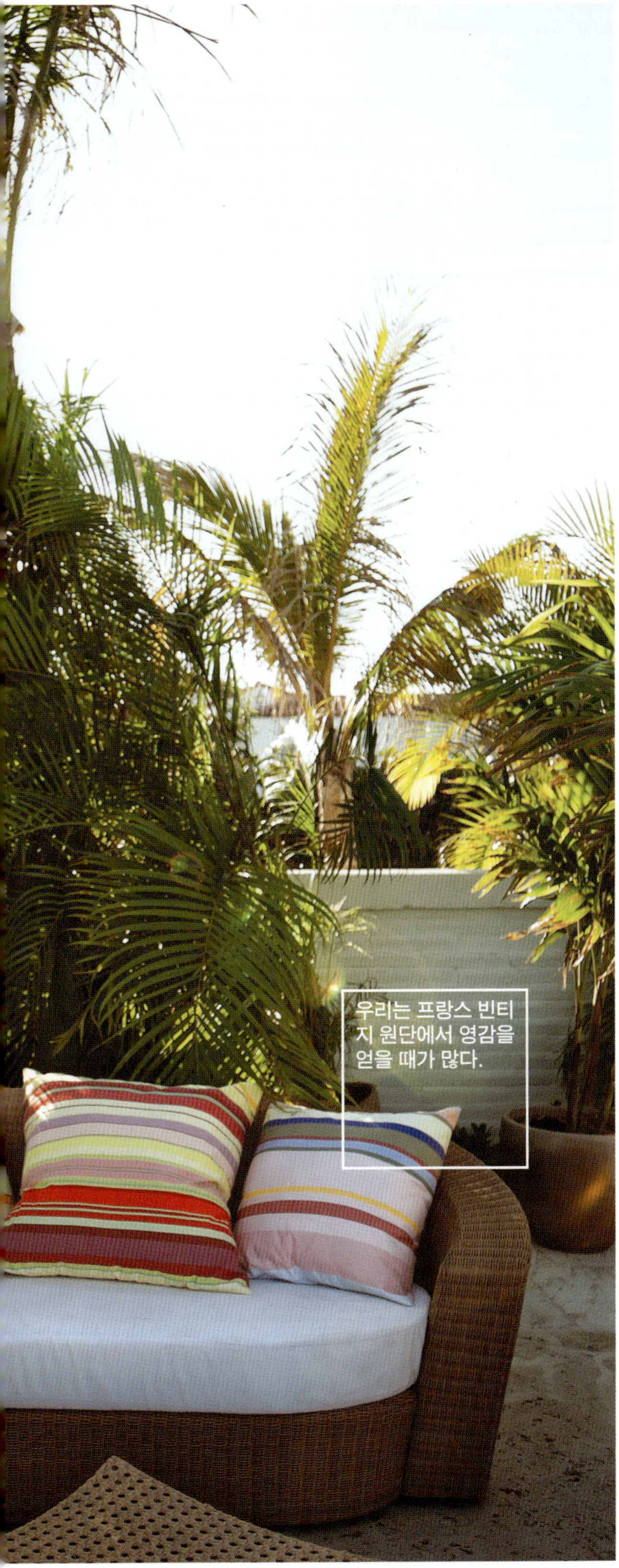

우리는 프랑스 빈티지 원단에서 영감을 얻을 때가 많다.

전문가에게 묻다

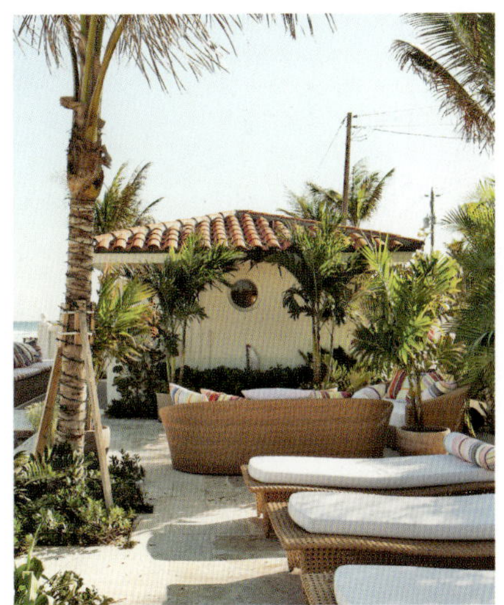

캐롤린 쿼터메인 Carolyn Quartermaine

우리는 예술가이자 섬유 디자이너인 캐롤린 쿼터메인에게 빈티지 원단 사용에 대한 의견을 물었다.

Q: 빈티지 원단은 어디서 구하시나요?
A: 런던이나 프랑스에서 열리는 경매에 참가하기도 하고, 시장이나 딜러에게서 구하기도 해요. 처음에는 스위스에 사시는 우리 할머니에게서 얻었어요. 증조할머니가 직접 손으로 짜거나 수집하거나 물려받은 것들이었죠. 예술가들이 만든 원단도 역사가 길어요. 세상에 하나뿐인 원단이 더 많이 나오고 사용되었으면 좋겠어요. 개인적으로 그런 원단은 가구에 없는 회화라고 생각하고 또 예술 작품처럼 벽에 걸기도 하죠.

Q: 독특한 원단을 사용할 때의 장점은 무엇인가요?
A: 대량 생산과 복제로 넘쳐나는 세상에서 진정한 독창성은 굉장한 힘을 발휘하죠. 멋진 수제 원단은 최고의 디자이너가 만든 드레스와도 같습니다. 공간에 반짝임을 더해 주죠. 투자할 만한 가치가 있는 작품이에요.

Q: 어디에서 영감을 얻으시나요?
A: 나는 어떤 장소, 어떤 물건에서도 아름다움을 찾아낸답니다. 일종의 자세이자 삶의 방식이라고 할 수 있죠. 나는 바다를 사랑하고 꽃밭을 사랑하지만, 영감은 시각적인 것보다는 내면에서 우러난다고 생각해요.

Q: 스크린 날염 방식을 알려주실 수 있나요?
A: 손에 스크린을 들고 원단 위에 댄 다음 염료를 스키지로 밀어 무늬를 찍어냅니다. 아주 완벽하고 정확하게 찍어낼 수도 있고 우연한 효과를 노릴 수도 있는 방법이죠.

프로젝트 결과

우리는 거친 나무와 자연 소재를 빈티지 가구며 소품과 조화시켜 보헤미안풍의 세련된 해변 분위기가 나며 여러 기능을 수행하는 공간을 창조하는 데 성공했다.

둥글게 휜 커튼봉
덕분에 옷을
갈아입을 공간을
확보하면서도
답답하지 않은 느낌을
유지할 수 있다.
흰색 벽은 색감이
강한 가구에 좋은
배경이 된다.

직접 하는 방법

빈티지 수도 설비 설치하기

1.

트루티크와 이베이, 엣시, 퍼스트딥스 같은
웹사이트나 골동품 상점, 벼룩시장에서
빈티지 수도 설비를 찾아낸다.

2.

상상력을 발휘해 보자. 원래 식수대였던
물건에 현대적 배관과 수도꼭지를 달아
세면기로 활용할 수도 있다.

3.

배관공과 상의해 원래 있는 배관에
빈티지 세면기를 설치할 수 있는지 확인한다.

4.

빈티지 세면기에 달 새 수도꼭지를
구매한다. (프랑스 골동품 식수대라면
벽에 설치하는 수전이 필요하다.)

'패밀리' 깔개	GIFT
조명	$2,179.00
수도 부속품	$3,011.60
세면기	$704.90
가구	$6,681.76
탈의실 커튼 맞춤 제작	$595.29
서핑 보드 사진	$5,860.00
장식품	$3,987.70
기타	$106.19
계	$23,126.44

SOURCES

APPLIANCES AND KITCHENWARE

BARI RESTAURANT SUPPLY
240 Bowery
New York, NY 10012
(212) 925-3845
www.bariequipment.com

BLUE STAR
www.bluestarcooking.com

BOWERY RESTAURANT SUPPLY
183 Bowery
New York, NY 10002
(212) 254-9720

GRINGER AND SONS
www.gringerandsons.com

HERBEAU
(800) 547-1608
www.herbeau.com

KRUP'S KITCHEN AND BATH
11 West 18th Street
New York, NY 10011
(212) 243-5787
www.krupskitchenandbath.net

SMOLKA
www.smolka.biz

WHISK
231 Bedford Avenue
Brooklyn, NY 11211
(718) 218-7230
www.whisknyc.com

ARCHIVAL, ART, AND CRAFT SUPPLIES

A. I. FRIEDMAN
(800) 204-6352
www.aifriedman.com

ASHLEY DISTRIBUTORS
(323) 937-2669
www.ashleydistributors.com

BEAD MERCHANT
www.beadmerchant.com

BROOKLYN GENERAL STORE
www.brooklyngeneral.com

DICK BLICK
(800) 828-4548
www.dickblick.com

HOBBY LOBBY
www.hobbylobby.com

ART, ARTISTS, AND GALLERIES

20 × 200
(212) 219-0166
www.20x200.com

PATRICK CARIOU
www.patrickcariou.com

ANN CARRINGTON
www.anncarrington.co.uk

CLIC
255 Centre Street
New York, NY 10013
(212) 966-2766
www.clicgallery.com

HEIDI CODY
www.heidicody.com

MARC DENNIS
www.marcdennis.com

JAN ELENI
www.janeleni.com

EXHIBITION A
www.exhibitiona.com

BRIAN FINKE
www.brianfinke.com

GAGOSIAN GALLERY
www.gagosian.com

HALF GALLERY
208 Forsyth Street
New York, NY 10002
www.halfgallery.com

HARRIS LIEBERMAN GALLERY
508 West 26th Street
New York, NY 10011
(212) 206-1290
www.harrislieberman.com

SEAN KENNEY
www.seankenney.com

HASTED KRAEUTLER
537 West 24th Street
New York, NY 10011
(212) 627-0006
www.hastedkraeutler.com

KNOX MARTIN
www.knoxmartin.com

LINDA MASON
www.lindamason.com

RANDALL MESDON
www.clicgallery.com/artists/
randall-mesdon/index.htm

ROOM 125
www.room125nyc.com

TERRY ROSEN
www.terryrosen.com

JAMES SEWARD
www.jameslseward.com

MATT SIREN
www.mattsiren.com

GUSTAVO TEN HOEVER
www.gthstudio.com

WOODWARD GALLERY
133 Eldridge Street
New York, NY 10002
(212) 966-3411
www.woodwardgallery.net

YANCEY RICHARDSON GALLERY
535 West 22nd Street, 3rd floor
New York, NY 10011
(646) 230-9610
www.yanceyrichardson.com

YELLOW FEVER CREATIVE
www.yellowfever
creative.com

ARTISANS
JOHN HOUSHMAND
www.johnhoushmand.com

GAETANO PESCE
www.gaetanopesce.com

POESIS
www.poesisdesign.com

CARPET TILE
FLOR
(866) 952-4093
www.flor.com

CLOSET SYSTEMS
CALIFORNIA CLOSETS
(866) 861-5887
www.californiaclosets.com

FABRIC, TRIM, AND UPHOLSTERY
B&J FABRICS
525 Seventh Avenue
New York, NY 10018
(212) 354-8150
www.bandjfabrics.com

BETTERTEX
450 Broadway, 2nd floor
New York, NY 10013
(212) 431-3373
www.bettertex.com

DMD INTERIOR DISCOUNT FABRIC TRIM AND WALLCOVERING
2 Denise Drive
Patchogue, NY 11772
(631) 627-3787

M&J TRIMMING
1008 Sixth Avenue
New York, NY 10018
(212) 391-6200
www.mjtrim.com

MAHARAM
(800) 645-3943
www.maharam.com

MOOD DESIGNER FABRIC
www.moodfabrics.com

FRAMING
ALLERTON CUSTOM FRAMING
241 Eighth Avenue
New York, NY 10011
(646) 486-3781
www.allertoncustom
framing.com

GLASS AND MIRRORS
AAA GLASS AND MIRROR
4205 South Sepulveda Boulevard
Culver City, CA 90230
(310) 314-5277
www.aaaglassandmirror.com

ALLSTATE GLASS
85 Kenmare Street
New York, NY 10012
(212) 226-2517
www.allstateglasscorp.com

HOME FURNISHINGS— ANTIQUE/ HANDMADE/ VINTAGE
ADELAIDE
702 Greenwich Street
New York, NY 10014
(212) 627-0508
www.adelaideny.com

ANTIQUE EMPORIUM OF ASBURY PARK
646 Cookman Avenue
Asbury Park, NJ 07712
(732) 774-8230
www.antiqueemporium
ofasburypark.com

ANTIQUE NV
102 South First Street
Jenks, OK 74037
(918) 298-5962
www.antiquenv.com

BOOTSNGUS
www.etsy.com/shop/
bootsngus

BRIGHT LYONS

383 Atlantic Avenue
Brooklyn, NY 11217
(718) 855-5463
www.brightlyons.com

CITY FOUNDRY
365 Atlantic Avenue
Brooklyn, NY 11217
(718) 923-1786
www.cityfoundry.com

CLEVELAND ART
www.clevelandart.com

DARR
369 Atlantic Avenue
Brooklyn, NY 11217
(718) 797-9733
www.shopdarr.com

DISPELA ANTIQUES
459 South La Brea Avenue
Los Angeles, CA 90036
(323) 934-9939
www.dispelaantiques.com

THE ECLECTIC SHOCK
www.etsy.com/shop/theeclecticshock

ESTATE ECLECTIC
www.etsy.com/shop/estateeclectic

ETSY
www.etsy.com

1STDIBS
www.1stdibs.com

THE FRAYED KNOT
601 Newark Street
Hoboken, NJ 07030
(917) 854-5945
www.thefrayedknotonline.com

FS20
647 Cookman Avenue
Asbury Park, NJ 07712
(732) 502-8999
www.fs20.com

FURBISH STUDIO
312 West Johnson Street
Raleigh, NC 27603
(919) 521-4981
www.furbishstudio.com

THE FUTURE PERFECT
www.thefutureperfect.com

HOLLER & SQUALL
119 Atlantic Avenue
Brooklyn, NY 11201
(347) 223-4685
www.hollerandsquall.com

HORSEMAN ANTIQUES
351 Atlantic Avenue
Brooklyn, NY 11217
(718) 596-1048
www.horsemanantiques.net

HOUSING WORKS
www.housingworks.org

JUNK
motherofjunk2.
blogspot.com

KIOSK
www.kioskkiosk.com

THE LIVELY SET
33 Bedford Street
New York, NY 10014
(212) 807-8417

LOST CITY ARTS
18 Cooper Square
New York, NY 10003
(212) 375-0500
www.lostcityarts.com

MAIN STREET JUNCTION
103 East Main Street
Jenks, OK 74037
(918) 296-7005

MALEKAN RUGS AND ANTIQUES
3635 South Dixie Highway
West Palm Beach, FL 33405
(561) 833-6194

MANTIQUES MODERN
146 West 22nd Street
New York, NY 10011
(212) 206-1494
www.mantiquesmodern.com

**MEEKER AVENUE
VINTAGE
AND ANTIQUES**
391 Leonard Street
Brooklyn, NY 11211
(718) 302- 3532
www.meekerantiques.com

**MISS MCGILLICUTTY'S
ANTIQUES**
106 East Main Street
Jenks, OK 74037
(918) 298-7997
**www.missmcgillicuttys
antiques.com**

**MOON RIVER
CHATTEL**
62 Grand Street
Brooklyn, NY 11211
(718) 388-1121
www.moonriverchattel.com

**OLDE GOODE
THINGS**
(888) 233-9678
www.ogtstore.com

PAULA RUBENSTEIN
21 Bond Street
New York, NY 10012
(212) 966-8954

**THE PIER
ANTIQUES SHOW**
www.stellashows.com

RED MODERN
www.redmodernfurniture.com

REGAN AND SMITH
602 Warren Street
Hudson, NY 12534
(917) 757-5310
www.reganandsmith.com

RE*POP
www.repopny.com

**RIVER CITY
TRADING POST**
301 East Main Street
Jenks, OK 74037
(918) 299-5998
www.facebook.com/pages/
river-city-trading-
post/128001817212558

**SANTA MONICA
FLEA MARKET**
(323) 933-2511
www.santamonicaairport
antiquemarket.com

**SIT AND READ
FURNITURE**
www.sit-read.com

STELLA DALLAS
218 Thompson Street
New York, NY 10012
(212) 674-0447

SUNDAY LOVE
624 Grand Street
Brooklyn, NY 11211
(347) 457-5453
www.sundaylove.biz

TINI
515 South Fairfax Avenue
Los Angeles, CA 90036
(323) 938-9230
www.thisisnotikea.com

**A TREE GROWS
IN BROOKLYN**
479 Grand Street
Brooklyn, NY 11211
(347) 752-2911

TRUETIQUES
www.truetiques.com/servlet/
StoreFront

TWO JAKES
320 Wythe Avenue
Brooklyn, NY 11211
(718) 782-7780
www.twojakes.com

HOME FURNISHINGS— CONTEMPORARY

**ABC CARPET
AND HOME**
www.abchome.com

ANTHROPOLOGIE
(800) 309-2500
www.anthropologie.com

AREAWARE
www.areaware.com

**BED BATH AND
BEYOND**
(800) 462-3966
www.bedbathandbeyond.com

BEND SEATING
www.bendseating.com

BLU DOT
www.bludot.com

BRAHMS MOUNT
(800) 545-9347
www.brahmsmount.com

CALYPSO ST. BARTH
(866) 422-5977
www.calypsostbarth.com

**FERNANDO AND
HUMBERTO CAMPANA**
www.campanas.com.br

CANVAS
www.shop.canvashomestore.com

CAPPELLINI
www.cappellini.it

CB2
(800) 606-6252
www.cb2.com

THE CONRAN SHOP
(866) 755-9079
www.conranusa.com

**THE CONTAINER
STORE**
(888) 266-8246
www.containerstore.com

CRATE AND BARREL
(800) 967-6696
www.crateandbarrel.com

C WONDER
(855) 896-6337
www.cwonder.com

DESIGN WITHIN REACH
(800) 944-2233
www.dwr.com

EDIT
Center 1
3524C South Peoria
Tulsa, OK 74105
(918) 747-7477
www.edittulsa.com

GREENHOUSE
(866) 575-4437
www.greenhousedesignstudio.com

HAUS INTERIOR
www.hausinterior.com

HOME INFATUATION
(877) 224-8925
www.homeinfatuation.com

HOMEGOODS
(800) 888-0776
www.homegoods.com

HORNE
(877) 404-6763
www.shophorne.com

IKEA
www.ikea.com

JONATHAN ADLER
(800) 963-0891
www.jonathanadler.com

KARTELL
www.kartell.com

THE LAND OF NOD
(800) 933-9904
www.landofnod.com

LAYLA
86 Hoyt Street
Brooklyn, NY 11201
(718) 222-1933
www.layla-bklyn.com

**LES TOILES
DU SOLEIL**
261 West 19th Street
New York, NY 10011
(212) 229-4730
www.lestoilesdusoleilnyc.com

LILLIAN AUGUST
www.lillianaugust.com

LOOPEE DESIGN
(877) 728-9601
www.loopeedesign.com

MARSHALLS
(800) 627-7425
www.marshallsonline.com

MATTER
405 Broome Street
New York, NY 10013
(212) 343-2160
www.mattermatters.com

MC&CO
57 North 6th Street
Brooklyn, NY 11211
(718) 388-3551
www.mcandco.us

THE MEAT HOOK
100 Frost Street
Brooklyn, NY 11211
(718) 349-5033
www.the-meathook.com

MODANI
www.modani.com

**MOMA DESIGN
STORE**
(800) 851-4509
www.momastore.org

MUJI
www.muji.us

NJ MODERN
www.njmodern.com

O & G STUDIO
www.oandgstudio.com

PIER 1 IMPORTS
(800) 245-4595
www.pier1.com

PROPERTY
14 Wooster Street
New York, NY 10013
(917) 237-0123
www.property
furniture.com

**RESTORATION
HARDWARE**
(800) 910-9836
www.restoration
hardware.com

**ROOM
AND BOARD**
(800) 301-9720
www.roomandboard.com

S. R. HUGHES

Center 1
3410 South Peoria,
  Suite 100
Tulsa, OK 74105
(918) 742-5515
www.srhughes.com

SPROUT HOME
www.sprouthome.com

T. A. LORTON
1343 East 15th Street
Tulsa, OK 74120
(918) 743-1600
www.talorton.com

THOMAS SIRES
243 Elizabeth Street
New York, NY 10012
(646) 692-4472
www.thomassires.com

TREASURE & BOND
350 West Broadway
New York, NY 10013
(646) 669-9049
www.treasureand
bond.com

**URBAN
OUTFITTERS**
(800) 282-2200
www.urbanoutfitters.com

VINTAGE MODERN
(800) 618-2960
www.vandm.com

VITRA
29 Ninth Avenue
New York, NY 10014
(212) 463-5750
www.vitra.com

WEST ELM
(888) 922-4119
www.westelm.com

WOLF HOME
www.wolfhomeny.com

Z GALLERIE
(800) 908-6748
www.zgallerie.com

**HOME
IMPROVEMENT**
DO-IT-CENTER
www.doitcenter.com

THE HOME DEPOT
(800) 466-3337
www.homedepot.com

L **LIGHTING**
BOWERY LIGHTING CO.
1210 Broadhollow Road
East Farmingdale, NY 11735
(866) 744-5166
www.bowerylights.com

CANAL LIGHTING AND PARTS
313 Canal Street
New York, NY 10013
(212) 343-0218

DUNES AND DUCHESS
www.dunesandduchess.com

JUST SHADES
21 Spring Street
New York, NY 10012
(212) 966-2757
www.justshadesny.com

LITE MAKERS
(718) 729-7700
www.litemakers.com

NUD COLLECTION
www.nudcollection.com

**P. W. VINTAGE
LIGHTING**
2 State Road
Great Barrington, MA 01230
(866) 561-3158
www.pwvintagelighting.com

SAFETYBULBS.COM
(856) 427-9411
www.safetybulbs.com

SARLO
(415) 863-1001
www.gabriellasarlo.com

YLIGHTING
(866) 428-9289
www.ylighting.com

M **MISCELLANEOUS**
2JANE.COM
(888) 667-6961
www.2jane.com

**BEETHOVEN
PIANOS**
232 West 58th Street
New York, NY 10019
(800) 241-0001 or
(212) 765-7300
www.beethoven
pianos.com

**DISTRICT
DOG**
www.districtdog.com

**DOUG'S WORD
CLOCKS**
www.dougswordclocks.com

**ECONOMY
FOAM + FUTONS**
56 West 8th Street
New York, NY 10011
(212) 475-4800
www.economyfoam
andfutons.com

ECOSMART FIRE
(888) 590-3335
www.ecosmartfire.com

FASTSIGNS
www.fastsigns.com

GREEN TIRE BIKE SHOP
www.greentirebikes.com

PS9 PET SUPPLIES
169 North 9th Street
Brooklyn, NY 11211
(718) 486-6465
www.ps9pets.com

**SMC STONE
INTERNATIONAL INC.**
640 Morgan Avenue
Brooklyn, NY 11222
(718) 599-2999
www.smcstone.com

P

PAINT

BENJAMIN MOORE
(855) 724-6802
www.benjamin
moore.com

JANOVIC
www.janovic.com

PEARL PAINT
(800) 451-7327
www.pearlpaint.com

STARK PAINT
www.starkpaint.com

Novogratz for Stark is
available at http://
www.thenovogratz.com

PHOTO SERVICES

DUGGAL
29 West 23rd Street
New York, NY 10010
(212) 242-7000
www.duggal.com

T

TILE

BELLA TILE
178 First Avenue
New York, NY 10009
(212) 475-2909
www.bellatilenyc.com

**MOSAIC HOUSE
MOROCCAN IMPORTS**
32 West 22nd Street
New York, NY 10010
(212) 414-2525
www.mosaichse.com

TOYS

ACORN
323 Atlantic Avenue
Brooklyn, NY 11201
(718) 522-3760
www.acorntoyshop.com

KIDROBOT
(877) 762-6543
www.kidrobot.com

MINKY MONKEY
588 Old Mammoth Road #4
Mammoth Lakes, CA 93546
(760) 934-1963
www.minkymonkeytoys.com

WALL GRAPHICS/
WALLPAPER

BLIK
(866) 262-2545
www.whatisblik.com

FLAVOR PAPER
216 Pacific Street
Brooklyn, NY 11201
(718) 422-0230
www.flavorpaper.com

SECONDHAND ROSE
230 Fifth Avenue,
   Suite #510
New York, NY 10001
(212) 393-9002
www.secondhandrose.com

THE WALLPAPER COLLECTIVE
www.wallpapercollective.com

WALNUT WALLPAPER
7424 Beverly Boulevard
Los Angeles, CA 90036
(323) 932-9166
www.walnutwallpaper.com

WINDOW
TREATMENTS

THE SHADE STORE
(800) 754-1455
www.theshadestore.com

ACKNOWLEDGMENTS

아티산Artisan 출판사의 모든 분, 특히 우리 담당 편집자인 리아 로넨Lia Ronnen에게 크나큰 감사를 표합니다. 당신처럼 우리가 좋아하고 존경하는 사람과 일할 수 있다는 것은 특권이자 영광이었습니다.

우리의 좋은 친구이자 훌륭한 대리인인 마크 라이터Mark Reiter에게도 감사의 말을 전합니다.

이 책의 디자인을 도와준 뉴욕 에이트 앤드 어 해프Eight and a Half의 보니 시글러Bonnie Siegler 와 앤드류 카펠리Andrew Capelli, 크리스틴 렌Kristen Ren에게도 감사하고 싶습니다.

이 책의 사진을 찍어준 재능 넘치는 사진작가 매슈 윌리엄스Matthew Willams, 팀 지니Tim Geany, 셰인 베블Shane Bevel, 글렌 헤이두Glenn Haydu, 조슈아 맥휴Joshua McHugh, 코스타스 피카도스Costas Picados, 애리아드나 부피Ariadna Bufi에게 감사를 표합니다.

레프트/라이트Left/Right의 여러분, 특히 켄Ken, 뱅크스Banks, 닐Neil, 데이비드David에게 그리고 HGTV의 여러분, 특히 코트니 화이트Courtney White에게 감사의 말을 전합니다.

INDEX

ILLUSTRATION CREDITS

The authors and publisher wish to thank the following for permission to reprint their illustrations.

Shane Bevel: pp. 6 (Pioneering Attic, after), 56, 60–69. **Shane Bevel for HGTV/Scripps Networks, LLC:** pp. 6 (Pioneering Attic, before), 58.

Ariadna Bufi: pp. 6 (Tree House, both), 7 (Beach House, after), 10 (top), 100, 102 (top), 104–5, 106 (top left), 108–10, 111 (flooring and carpets, copper fixtures, furniture, mattress and linens, hammock, accessories, mosquito netting, total), 126, 129 (bottom right), 134 (top), 135 (center left; right), 139 (accessories), 246, 250–51 (center), 251 (right), 252, 253 (top), 254, 255 (all except before photo), 256, 258–59, 261 (window treatments, lighting, appliances, bathroom remodels, bar cart, light boxes, accessories, total).

Tim Geany: pp. 98, 102 (bottom), 103, 106 (right; bottom left), 107, 111 (contractor fees, window treatments, lighting, iron plate for roof).

Glenn Haydu: pp. 7 (Boutique Hotel, before), 230–31.
Left/Right, Inc. for HGTV/Scripps Networks, LLC: pp. 6 (Hipster Haven, before), 72–73.
Joshua McHugh: pp. 228, 232 (left; bottom), 233 (bottom), 236–39, 241 (bottom left); 245 (window treatments, custom woodworking, lobby, bar, lounge, game area, standard bedrooms, suites, miscellaneous).

Will Norton for HGTV/Scripps Networks, LLC: pp. 6 (Ski Condo, before), 28–29, 31 (right).

Robert and Cortney Novogratz:
All floor plans; pp. 7 (Beach House, before), 248–49, 255 (top left).

Costas Picados: pp. 6 (Surf Shack, after; Dream Duplex, after), 7 (Beach Condo, after), 130, 131 (left, top and bottom), 132 (bottom), 133, 134 (bottom), 136–38, 139 (kitchen and dining table, furniture, art), 144–45 (center), 146, 147 (center; left), 148–51, 153 (flooring and carpets, lighting, fireplace, furniture, pillows, art, flowers, total), 168, 172 (right), 178 (left), 179, 181 (right), 182–83.

Emilee Ramsier for HGTV/Scripps Networks, LLC: pp. 6 (Queens Condo, before; Urban Sanctuary, before; Reader's Refuge, before; City Reserve, before; Surf Shack, before; Dream Duplex, before), 7 (Suburban Basement, before; Model Home, both; Beach Condo, before; Village Railroad, before; Triplets' Bedroom, before; Brooklyn Modern, before; Last-Minute Nursery, before), 14–15, 24, 42–43, 47, 48 (top), 50–51 (center), 51 (right), 55 (closet system and wardrobe), 86–87, 92, 114–15, 128, 129 (bottom left), 135 (top, both), 139 (window treatments, appliances, bedding), 142–43, 156–57, 159 (bottom right), 170–71, 172 (left), 173 (right), 173 (top left), 174 (bottom right), 175, 178 (bottom right), 184, 185 (contractor fees, wallpaper, lighting, bedding), 188–91, 192 (top), 193 (bottom), 194 (left), 195–98, 199 (flooring and carpets, mirror wall, bedding, electronics, art), 202–3, 207 (inset), 216, 222 (bottom right), 264–65, 278–79.

Matthew Williams: pp. 1–3, 6 (Queens Condo, after; Ski Condo, after; Urban Sanctuary, after; Hipster Haven, after; Reader's Refuge, after; City Reserve, after), 7 (Suburban Basement, after; Village Railroad, after; Triplets' Bedroom, after; Boutique Hotel, after; Brooklyn Modern, after; Last-Minute Nursery, after; Seaside Cabana, after), 8, 10 (bottom), 11–12, 16–23, 25–26, 30 (left), 30–31 (center), 32–40, 44–45, 46 (left), 48 (bottom), 49, 50 (left), 52–54, 55 (all but closet system and wardrobe), 70, 74–84, 88–91, 93–97, 112, 116–25, 131 (right), 132 (top), 139 (contractor fees, wallpaper, flooring and carpets, lighting, total), 140–41, 144 (left), 145 (top), 147 (right), 152, 153 (contractor fees, bar and bar accessories, books, vases), 154–55, 158, 159 (top right; left), 160–67, 172 (carpet tile details), 173 (bottom left), 174 (left; top right), 176–77, 180, 185 (flooring and carpets, window treatments, "Family" light boxes, furniture, art, space curtain, accessories, miscellaneous, total), 186, 193 (top), 194 (right), 199 (contractor fees, wallpaper, lighting, furniture, total), 200, 204–6, 207 (large), 208–14, 218–21, 222 (left), 223–27, 232–33 (center), 234–35, 240, 241 (right), 242–44, 245 (outdoor patio, total), 250 (left), 253 (bottom), 257, 260, 261 (contractor fees, kitchen remodel, minibar, pool table), 262, 266–76, 280–92, 296–307.

Photograph of Seaside Cabana on pages 7 (before) and 294 courtesy of the homeowners.